工业园区综合负荷建模及电源容量配置优化研究

熊军华　著

中国水利水电出版社
www.waterpub.com.cn
·北京·

内 容 提 要

本书对工业园区综合负荷建模及电源容量配置优化进行了研究，主要内容涵盖了工业园区配电网综合负荷模型建模及其参数辨识、虚拟同步发电机技术建模研究、含多种分布式电源的配电网综合负荷建模、工业园区CCHP系统数学模型及评价指标等。

本书结构合理，条理清晰，内容丰富新颖，可供相关工程技术人员参考使用。

图书在版编目(CIP)数据

工业园区综合负荷建模及电源容量配置优化研究/熊军华著.—北京：中国水利水电出版社，2019.1（2021.3重印）

ISBN 978-7-5170-7466-3

Ⅰ.①工… Ⅱ.①熊… Ⅲ.①工业园区—电负荷—系统建模—研究—中国 Ⅳ.①TM301

中国版本图书馆CIP数据核字(2019)第031162号

书 名	工业园区综合负荷建模及电源容量配置优化研究 GONGYE YUANQU ZONGHE FUHE JIANMO JI DIANYUAN RONGLIANG PEIZHI YOUHUA YANJIU
作 者	熊军华 著
出版发行	中国水利水电出版社 (北京市海淀区玉渊潭南路1号D座 100038) 网址：www.waterpub.com.cn E-mail：sales@waterpub.com.cn 电话：(010)68367658(营销中心)
经 售	北京科水图书销售中心(零售) 电话：(010)88383994、63202643、68545874 全国各地新华书店和相关出版物销售网点
排 版	北京亚吉飞数码科技有限公司
印 刷	绍兴市创原印刷设计有限公司
规 格	170mm×240mm 16开本 11.5印张 206千字
版 次	2019年4月第1版 2021年3月第2次印刷
印 数	2001-2500册
定 价	58.00元

前 言

伴随着我国工业的发展，工业园区的出现及建设在我国经济发展进程中具有重要意义。

工业园区负荷问题一直是研究的热点问题之一。分布式发电具有安装灵活、投资少、清洁高效等优点，与传统集中式电网相比，具有优越性，极大地改善了传统集中式电网的性能。分布式电源技术的逐渐成熟，其应用范围越来越广，例如小区住户引入太阳能、风能发电辅助等。而多种分布式能源引入工业园区配电网的运行特性，原有负荷模型已不能很好地描述。因此随着分布式电源接入容量的不断增大，本书根据工业园区电力系统负荷情况，进行了综合负荷建模的研究。

由于工业园中存在冷、热、电多类型的负荷形式，在合理分配实现能源梯级利用的基础上使供能系统具有经济、环保、节约的性能已经成为当今焦点问题，那么，合理的设备配置是关键。课题组就工业园区 CCHP 系统设备配置问题进行研究，配备方案中将供能侧加入了可再生能源和储能装置，并与常规 CCHP 系统做对比，建立了以经济、环境、能效为多目标的评价模型，选取混沌粒子群算法作为本书的优化算法，通过模糊综合理论分析，由专家打分法确定了各指标的权重分配值，把多目标问题转化为单目标问题求解。由 EnergyPlus 软件模拟出园区年逐时负荷以及各季典型日逐时负荷，并对模拟结果进行分析，运用混沌粒子群算法优化三种方案的容量和台数，并和分供系统作比较，得出符合该工业园区的最佳方案，并进行合理的容量和设备运行台数配置。分析了不同的权重系数取值给 CCHP 系统在优化配置时带来的影响，经对比由专家打分法确定权重系数的合理性，并分析各季典型日合理的运行策略。

工业园区中众多企业在一定空间内通过合理的统筹规划，集中生产、集中排放，增加了经济效益，有着综合能耗低、污染物集中排放、集中治理的特点。要想让工业园区实现低能耗、低排放、突出集中产业特色的目的，需要对工业园区中的多种电源进行合理的优化配置，从而更加高效地开发利用可再生清洁能源，保证系统的安全稳定运行。因此课题组研究了含多种能源的工业园区容量优化配置问题，构建了综合考量能效、成本、经济效益和环保等因素的目标函数和评价指标，并结合实际确定了约束条件，采用基于混沌理论和自然选择策略的粒子群混合算法对案例进行求解分析。

由于时间仓促加之作者水平有限，书中不足之处和错误在所难免，敬请同行专家和读者批评、指正。

作　者

2018 年12月

目　录

第1章　绪　论

1.1　研究背景和意义

1.1.1　研究背景

工业园区是工业化国家于19世纪末为了规划、管理和促进工业发展目的而出现的。工业园区虽然降低了基础设施的成本，刺激了区域经济的发展，给区域带来了各种各样的利益，但也对环境造成了巨大的破坏。经过反思，现代工业园区正向生态、环保、绿色化发展，同时强调经济、社会、环境相协调。进入21世纪以来，中国进入发展高速期。由于工业化、城市化进程加快，能源与环境的矛盾非常突出，全国各地都在大力建设各种生态工业园区。国内工业园区的发展热潮，也反映出国内工业园区良好的发展前景。近年来，各地根据自身特点和条件，建设了各种符合当地特色的园区。截至2015年，全国共有478个国家级经济开发区、出口加工区和保税区，有1170个省级开发区，全国大约有22000个的各种类型园区，并且经济技术开发区和高新技术开发区的数量也在快速增加。

目前全球环境恶化，很多国家开始寻求一些新型高效的环保清洁能源，例如水电、风电、光伏和各种形式的一次能源，例如液体燃料、气体燃料等，相辅相成而出现了一种电力供给形式，这种电力形式叫作分布式发电(Distributed Generation，DG)。鉴于目前我国高科技园区发展还处于起步阶段的现状，分布式发电技术与工业园区的融合必将成为一大趋势。

目前国内关于工业园区的负荷建模研究还比较少，鲜于报道。分布式发电配电网负荷综合建模对工业园区电力系统的分析计算具有重要意义，对电力系统的规划、设计和控制有着重要的影响。因此研究并建立含分布式发电的多种能源工业园区配电网综合负荷模型有着重要的意义。

工业是现代化国家的重要产业，对经济增长起着举足轻重的作用。工业的发展离不开能源，世界经济的发展得益于化石能源，尤其是现代工业对能源的需求越来越大，加上人为因素的浪费，传统化石能源面临枯竭，人类社会面临能源危机。从全球来看，石油储量大约为 1180～1510 亿 t，将于 2050 年左右耗尽。天然气储备估计在 1318～1529 亿 m^3，大约在 57～65 年之内耗尽。煤的储量约为 5600 亿 t，大约可供应 169 年。对于我国而言，能源危机更为迫切，一方面因为我国快速发展需要能源来作支撑，另一方面，由于我国人口众多，人均能源储量低，需要较多的能源进口。国内化石能源的可挖掘年限更短，我国煤炭 1000m 内可开采储量约 1 万亿 t，可以使用 100 年；而石油可采储量只有 38 亿 t，可利用时间为 20 年；天然气能源储量为 38 万亿 m^3，目前剩余储量仅 37 年。常规化石能源的快速消费，不仅造成人类能源危机，还引起了严峻的自然环境灾害。传统化石能源的使用带来了雾霾、酸雨和温室效应等问题，大气和水资源污染形势严峻。

我国在能源危机和环境污染的压力下，要想又好又快地发展工业经济，需要从政策和技术两方面入手。

政策方面，政府高度重视工业经济，扎实推进工业转型升级和制造强国建设。跟从工业经济的新形势，杜绝走粗放发展、浪费资源的老路。在这样的要求下，工业园区受到更多的关注。工业园区是众多企业在一定空间内通过合理的统筹规划，集中生产、集中排放、增加了经济效益，有着综合能耗低、污染物集中排放、集中治理等特点。

技术方面，随着能源的消耗以及人们日益增长的电力需求，清洁无污染的可再生能源日益受到国家的重视，大力全面支持可再生清洁能源是发展的趋向。目前电力系统中的可再生能源多指风能和光能。风能和光能虽然有着清洁能源的美称，但是二者非常依赖天气条件。风力发电机组的输出功率不稳定，具有波动性；夜间或遇到多云天气时，光伏发电系统因缺少光照不能发电。根据调查可知，日间光强大而风速小，晚上光强弱而风能加强。所以根据光能和风能发电特性，混合发电可以有效利用清洁能源。可再生清洁能源的使用不会排放污染，因此采用风光并补混合发电方式对工业园区能源供应有着积极作用，同时因为二者发电的波动性，还要在工业园区多能源系统中加入燃气轮机、燃料电池和储能设备，形成含多种能源的工业园区供能系统，以便更好地解决工业园区对能源的需求。

1.1.2 研究的目的和意义

在国家节能减排政策的指导下，分布式发电技术得到了迅速的发展，特别是以风力、太阳能和固体氧化物燃料为代表的可再生清洁能源的发展越来越快，新能源的应用逐渐成为电力、燃气工程领域研究的热点和难点问题。

目前，许多工业园区存在着锅炉分散供热和“高能耗、低利用”等问题，使工业园区在能源综合利用和环境保护方面存在突出问题。随着最新科技发展战略的出台，引入分布式能源系统可更好地综合利用能源，提高能源效率，满足工业园区经济增长、热负荷增加需求的同时减少环境污染。但分布式能源的接入将影响工业园区配电网的潮流、电压、谐波、稳定性和可靠性。在不同类型的分布式工业园区配电网条件下，大量分布式电源及不同类型的工业园区已成为配电网侧广义负荷的重要组成部分，使负荷特性变得非常复杂，进一步增加了冗杂程度。因此，研究含多种能源的工业园区配电网综合负荷建模具有重大的实际应用与理论研究价值。同时也为分布式发电技术的大规模应用和工业园区的电力系统仿真建模与分析控制提供了理论和技术参考。

含多种能源的工业园区供能系统具有如下特点。

1)最大限度利用自然资源，可以同时进行风能和太阳能发电。日间具有良好的光辐射，而晚上则具有大量的风能。在适当的条件下，可以较好地提高含多种能源工业园区供能系统的连续性，增加整体供电可靠性。

2)含多种能源工业园区供能系统的初始投资成本和发电成本相对于单独的光伏发电系统和风力发电系统低，选择风光互补的模式还可以降低蓄电池的数量，减少系统投入成本。

3)在太阳能和风能储量较大的情况下，可以对系统容量配置、调度方式进行优化，工业园区多种能源系统将会有颇具竞争力的经济优势。

目前多数工业园区内并行使用化石能源和绿色能源，能源的多样性增加给工业园区内多种能源的容量配置提出了更高的要求。目前工业园区普遍存在能源利用率低、废气排放过多等问题，利用优化算法对多种能源进行容量优化配置可以解决这一难题。随着研究进展，常用的优化方法有很多，其中粒子算法有着结构清晰、操作简便的特点，是进行容量科学配置的良好手段。

综上所述，含多种能源的工业园区是在现阶段能源危机、环境污染的形势下，工业产业发展新的产业结构，对多种能源的容量优化配置是实现低成本、低污染、高效益的有效手段，因此，利用优化算法实现对多种能源的容量优化配置具有现实意义。

1.2 国内外研究现状

1.2.1 负荷建模的发展

20 世纪中期，负荷类型及负荷大小对电力系统安全稳定运行的影响逐渐引起人们的重视，因此负荷建模问题得到了关注。研究人员首先提出了恒阻抗(Z)、恒电流(I)、恒功率(P)等静态负荷模型。然后，相继提出了多项式模型和幂函数模型等静态负荷模型。当时对负荷模型的研究大多是基于定性研究，但由于其他模型比较粗糙，基本上能够满足电网计算的需要。70 年代，随着发电机及其调速系统模型的改进，负荷模型的研究也更加被关注。1976 年美国电科院提出了一项重要的负荷研究工作，该研究在美国和加拿大同时展开，研究取得了一定成果，并且开发出一款 LOADSYN 软件。然而，负荷模型参数的计算没有定量求解。80 年代后，研究出了多种类型的动态负荷模型。1995 年，IEEE 负荷动态模型研究组推荐了用于电力系统潮流计算和动态性能仿真的标准负荷模型[1]，并推荐了负荷模型研究文章参考文献[2]，对当时的研究做出了总结。同时，负荷模型的重要性也逐渐引起了我国电力研究者的重视。

1.2.2 负荷建模现状

近年来，电力负荷模型的研究已有了较为成熟的理论，但并没有一个模型能适用所有情况且完全准确。全球很多大型电力事故，无法用传统的暂态功角稳定解释，所以长期的稳定运行问题受到极大关注，其中负荷特性更为重要[3]。合理的模型可以提高系统分析结果的可靠性，使调度人员能够安全地做出预防和控制决策。美国的西部电力协调委员会(Western Systems Coordinating Council,WECC)在研究电压崩溃原理方面，提出了一种由 80%静态 ZIP 和 20%动态感应电动机模型并联组成的动态模型，考虑了感应电动机，该模型已在实践中得到证实。自 20 世纪 70 年代以来，东北电网有限公司、华中电网有限公司与西北电网有限公司已采用异步电机并联恒阻抗模型，但模型参数通过经验判断，因此其准确性受到影响。随着技术发展，出现了一种基于测量的估计等值法负荷建模方法。1994 年，学者们基于行业分类综合测量方法，研发了一种东北电网等效负荷模型校验软件。

2003 年起中国电力科学研究院研究了考虑配电网络的负荷建模方法，该方法可以提高传输段的稳定极限[4-5]。同时河海大学鞠萍教授完善了中国负荷建模的基本理论，并丰富了负荷模型的参数辨识技术，主持建立了河南电网负荷特性库[6-8]。华北电力大学的贺仁睦教授研究了基于现场实测数据的负荷建模及参数识别方法，建立了区域负荷识别系统。

1.2.3 含有分布式电源的广义负荷模型研究现状

分布式电源作为传统大型电网的重要补充，在广泛接入低压配电网的情况下，将在未来智能电网中发挥重要作用[9]，但这同时改变了传统配电网的构成，传统的辐射状结构向供电网络和用户互联网络的转变，必然对电力系统的规划设计、潮流计算、运行控制、电力市场等诸多方面产生深远的影响。由此产生的一系列理论和实践问题将是电力工业在发展和扩大分布式电源过程中迫切需要解决的问题。在分布式电力接入容量较小的情况下，传统的负荷模型仍有较好的描述能力，另一方面是相对于主电网分布式发电仿真计算的综合负荷建模[10]研究工作尚处于起步阶段，有待进一步研究。配电网能够达到一定数量的分布式电源，将成为影响配电网综合负荷特性的重要因素。因此，研究分布式电源对配电网综合负荷特性的影响并建立准确的模型具有前瞻性的战略意义。

当前，对于分布式发电对配电网负荷特性的影响有以下研究。文献[11]研究了分布式发电系统的详细稳态和暂态数学模型，包含了 PWM 变换器、风电、光伏及储能等。文献[12]研究表明，局部小电源接入配电网后，传统的负荷模型无法准确描述其负荷特性。文献[13]提出了一种包含分布式发电的广义负荷模型结构。在综合负荷模型(SLM)的虚拟母线上，需要增加分布式电源模型。但是，对分布式电源模型和参数辨识策略的研究还不够深入。文献[4]建立了含小型水电影响的配电网综合负荷模型，该模型与传统机理综合模型的区别仅在于动态负荷比例参数的辨识范围由原来 0～1 区间扩展到任意实数。文献[14]基于配网侧大量接入分布式提出一种模型，该模型可模拟分布式电源对电网具有重大影响的问题，但其采用线性化模型，阶数很高，并不实用。文献[15]针对配网侧含有分布式发电情况提出一种递推非机理模型，缺点在于非机理模型没有明确物理含义，阶次无法确定，因此实际应用有待考证。文献[16]指出了含风电的配电网侧综合负荷可以等效地描述为异步电动机与静态负荷并联的广义综合负荷模型。为了准确反映风力发电能力对综合负荷模型的影响，将模型中的动态负荷比例扩展到任意实数。但是，配网侧含有风电时 SLM 模型误差会很大。①

因为风力发电机运行时滑差为负，稳态负载率可达到1，通俗来说就是风力机与感应电动机运行状态差别过大；②当风力机随风力机轴旋转时，风机的惯性时间常数一般远大于普通电机的惯性时间常数。

在分布式发电对电力系统运行分析、建模和控制领域的影响方面，国内外的相关研究工作还处于起步阶段，主要集中在两个方面：一是分布式发电本身的数学模型，如风力发电、太阳能光伏电池、燃料电池、微型燃气轮机等；二是感应发电机式接入电网电压无功控制[17]。

1.2.4 虚拟同步发电机研究现状

作为集中式风电和太阳能电站的有效补充，可再生能源的分散接入越来越受到人们的重视。这些清洁能源以分布式的形式接入配电网，虽然能为人们带来更多的能源，可是同时也存在着一定的缺陷。一方面，这么多的能源并网发电逆变器接口作为一种新型的配电网，可以有效提高配电网的工作效率，与此同时，逆变器还有高效的开关瞬态以及多种控制方法，极大地提升了对配电网进行控制的自由度，完成了配电网的多种控制功能，例如电压调节[18]、无功优化[19]、电能质量治理[20]、需求侧响应[21]等。另一个方面，基于逆变器接口的并网机组具有动态响应速度快、惯性小的特点，若在配电网络中存在干扰或者供需关系失衡时，不能运用存储在转子上的动能消除波动，例如常见的同步发电机。

由于分布式能源的大力发展，电网特点变得更为分散化，想对其集中调度具有极大的困难。所以要探索出一种可自主控制调节，与主网互动的控制方式就显得很有必要，而同步发电机便具有这种特性。因此，如果能将可再生能源并网机组与同步发电机同步，就可以在很大程度上解决有源配电网面临的许多难题及挑战。基于这一理念，近年来，虚拟同步发电机（Virtual Synchronous Generator，VSG）与相应的能量存储单元在传统的可再生能源并网逆变器的直流（DC）引进方面的重要作用和同步发电机控制模型技术都已引起人们的广泛关注。

到目前为止国内外学者都对VSG模型进行了大量的研究。在荷兰的VSYNC（Virtual Synchronous Machines）项目中，科研工作者采用了一种卓越的控制方法，其原理是利用并网逆变器模拟同步发电机的摇摆方程来提升电网的稳定性。但是这种控制方法只进行了有功情况调节，没有对无功情况及电压调节进行研究。德国克劳斯塔工业大学的研究人员使用了虚拟励磁控制的方法后，更深一步提供了一种虚拟同步电机的概念，这种概念对VSG进行了一定的改进[22]。然而，这两种方法都是直流电流控制，属于电流型并网接口,传统的同步发电机单元属于电压型并网接口,两种接口的差别还是比较大的。文献[23]中提出了一种基于输出电压控制的VSG方案,并对其惯性、机端电压、故障穿越及孤岛检测等性能进行模拟验证,证明该方案的可靠性。文献[24]中利用并网逆变器直流侧的动态模型和电容的充电放电过程对发电机转子动能的存储及消耗进行模拟,同时提出了同步逆变器的概念。文献[25-26]采用了与上文相反的方法,该方法是从交流侧的动态模型着手,提到了一种称之为Synchronverter的逻辑概念,证明了VSG和同步发电机在模型上的等效关系。由于人们的思想普遍受到同步发电机模型的限制,在当前的研究中,大部分文献中都把VSG的惯性值设定为一个常数,但是在文献[27]中提出了一种能够自动对惯性进行调整的VSG方案,同时也给出了负惯性VSG的概念以及相关的实验数据。国内的一些高校和科研院所也对VSG的概念进行了相关的改进和研究。使用并网逆变器对同步发电机的惯性的阻尼系数进行模拟,增加电力系统调整电压和频率的能力,提高新能源对电网的渗透率是VSG最重要的目的。在对惯性进行模拟时,需要具有一定容量的电能储存环节。储能电池中存放的电能、鼠笼式异步风力发电机组和双馈风力发电机组的转子动能都可以用来模拟VSG的惯性。但是,在上述的两种风力发电机中,转子存储的能量非常少,还是一种难以控制的储能方式,仅能在较短时间内对惯性进行支撑[28]。若要得到持久的惯性模拟性能,需要利用具有一定容量的储能单元来对电源接口进行配置[29]。从另外的一个方面来说,光伏电机和风力发电机都不具有存储电能的能力,所以在VSG中需要添加相应的储能环节。总而言之,能源、电能存储结构、并网逆变器是VSG中三个最为重要的组成部分。目前对于VSG进行的研究,几乎都只对逆变器的VSG控制方法进行研究,忽略了对储能单元的优化方法。文献[30－31]中针对储能单元进行了相应的优化,优化了储能单元的充放电的控制方法,可是文献中并没有列出储能单元容量的选取与VSG控制参数的对比关系及具体的实现方法,因此对VSG存储单元控制方面的研究也显得尤为重要。

1.2.5 能源资源现状及冷热电联产系统概述

在人类赖以生存的地球上,能源一直以来是不可或缺的成分,它是生活中必不可少的资源。在当今快节奏的社会生活中,社会经济的突飞猛进离不开能源的供应,并且需求量也在与日俱增。但是,正是由于此原因能源被肆意开发,造成能源资源的浪费。1950年之前,煤炭资源在总的能源消费中占比50%以上[32]。60年代以后,其他一次能源的比例占据重要位置。

70年代的煤炭资源比50年代下降了20%左右。然而，在80年代，除一次能源以外的二次能源的使用逐渐呈上升趋势。90年代以来，许多可再生能源，如风能、太阳能、潮汐能等逐渐成为新型能源中的中坚力量，但仍然以一次能源为核心。预计在未来30年里，传统能源仍将作为第一消费主能源存在。随着经济社会的发展进步，各种综合型建筑逐渐多样化，冷热电三联供将成为当今社会的发展趋势。但是只采用冷热电联产系统（Combined Cooling Heating and Power，CCHP）这一种供能形式是不能满足负荷需求的。因此，许多该领域的研究者提出将可再生能源与CCHP系统相结合，冲破这种单调的供能形式，可再生能源与CCHP系统的结合使互补运行具有可行性。

1.能源环境压力

大量的能耗一直以来是社会关注的重点，近几年能耗量的持续大幅度上涨，不得不引起人们的担忧，给经济的发展、世界能源的供给带来了巨大的挑战。在传统能源逐渐耗费的同时，其燃烧所带来的环境问题更不容小觑。近年来，气候的突变、温度的上升等都是全球所面对的巨大难题。自18世纪60年代工业化进程开始以来，各种温室气体如SO_2、CO_2、NO_x等的排放越来越严重，使其在大气中的浓度逐渐增长，尤其是CO_2浓度的增长较为明显，增加了39%。温室气体的排放不仅来自于工业，还来自于生活中的各个行业，影响着人们的日常，还恶化环境、破坏气候，这也正是2017年11月5日在伦敦举行的联合国气候峰会受到全世界瞩目的原因。能源资源的现状和环境压力是全世界面临的难题，优化能源结构、改善能源消费途径成为解决此问题需要努力的方向[33]。

2.工业园区能源消耗及环境影响

由于我国各类型产业的转型，工业园区这一综合性的产物已悄然进入大众视野，各地开始着力兴建工业园区。传统的工业园区采用上网购电，分散的锅炉供热、补燃等，存在着“高能低用”的能源资源浪费问题，除此之外还包括能源消耗量大、用能种类多样化、时间较长、供应效率低等特点[34]。据统计，国民工业能耗是最大的，约为总耗能的70%，并且主要是传统化石能源的消耗。相比于国外，我国资源的使用出现浪费严重的现象，且其使用效率较低[35]。工业园是集多种产业于一体的综合生产区，工业园区的发展也出现了一系列工业能耗间不匹配的现象，同时使环境也出现不同程度的问题。在工业园区这样一个集中产业园区中拥有各式各样的企业，在企业加工制造的过程中会产生各类型的温室气体，造成大气污染、水源破坏、气候变化，以及产生大量工业垃圾[36]。

本书研究的主要意义在于：首先，CCHP 系统合理的设备配置能使能源达到充分应用的效果，以节约资源，并且也能节省设备的运营成本，提高了经济性能；其次，合理的设备配置能满足建筑物所需的冷热电负荷，减少能源的浪费；同时，通过冷热电负荷的模拟，根据优化策略和不同的配置方案选择适合不同的季节的合理的运行性策略，得出合理的配备方案，以提高能源的利用价值；最后，为今后 CCHP 系统加入可再生能源的提供依据。

3. 冷热电联产的概述

CCHP 系统结构如图 1.1 所示，主要包括发电装置、热回收装置、制冷装置等几大部分，对负荷进行供电、供热、供冷。为了实现系统发电、制冷及供热一体化，达到对能量的梯级利用，需要进行合理的设备配置。如图 1.2 所示，这种供能模式最大的优势在于对不同温度的热量梯级利用，天然气通入燃烧室进行燃烧提供园区所需的电负荷，将高温段的热能通入余热锅炉，进行换热制冷，中温段的余热进行蒸汽置换提供生活热水，剩余少量部分进行排放，从而提高能源综合利用效率，减少污染物的排放，使系统具有较好的经济性能和环境性能。根据美国对天然气 CCHP 系统的调查统计数据，针对各类综合性的建筑，与传统分产供能系统相比，系统均具有较好的经济性和环保性[37]。

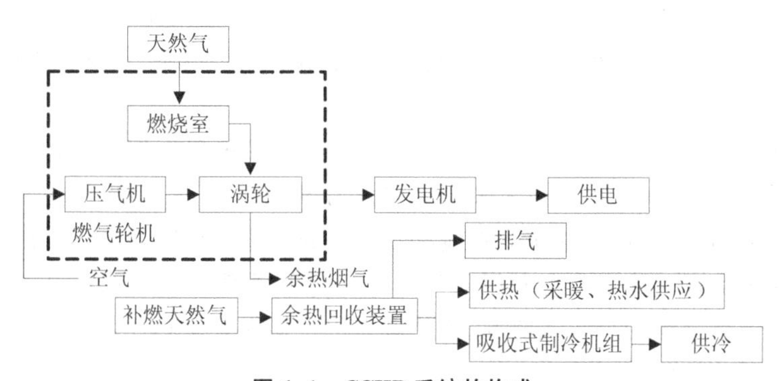

图 1.1 CCHP 系统的构成

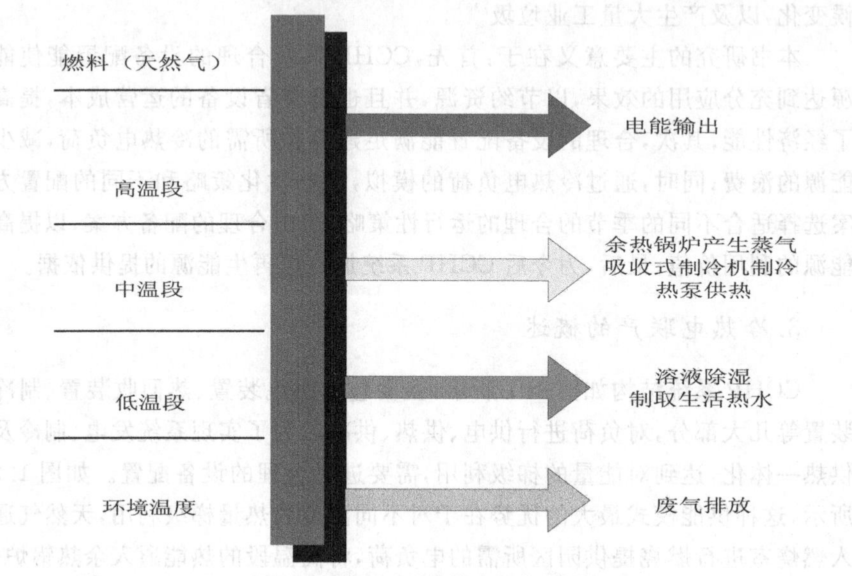

图 1.2　CCHP 系统的余热利用图

1.2.6　冷热电系统国内外的研究现状

20 世纪发生的石油危机，使欧美国家对能源资源的合理利用越来越重视，因此，分布式能源的利用在欧美发达国家之间备受鼓励。尤其是 CCHP 系统的发展，如减免税收、经济补贴、允许发电上网等措施，而这些措施也取得了一定的成果。

欧美早在 20 世纪 90 年代就提出 CCHP 系统的发展纲要和计划，该计划为了促使 CCHP 系统在未来本国内大力发展[38]。在工业、民用、商用等建筑领域将 CCHP 系统作为传统能源使用的标杆，而且，希望通过 CCHP 系统模式实现对能源合理利用的目的。美国能源部提出争取在 2020 年建成世界上首个使用分布式能源，并使电力生产输送系统达到效率最高，成为环境最干净的国家[39-41]。

日本发展分布式能源已有 30 多年，由于日本国家能源资源有限的缘故，其在能源高效利用这一领域处在世界领先地位。为了更好地推动 CCHP 系统的发展，日本提出很多有益于该项目的政策、计划。政策提出 CCHP 系统可向大电网售卖自产的多余电量，还为使用者提供其他更多优惠政策。并且其在 2010 年 3 月底，已有 7800 多座能源站，CCHP 系统可以提供 1000 万 kW 的能量[42-43]。

CCHP 系统的研究涉及面非常广，Li M 等人从能量分析、经济运行和环境效应的角度介绍了CCHP系统的设计和运行优化，提出了大连（中国）酒店、办公楼和住宅建筑的CCHP系统，以确定模型的有效性，采用重视方法和模糊最优选择理论来评估CCHP系统与各种操作策略的综合性能。CCHP系统的应用减少了所研究建筑物所有运行情况下的污染物排放[44]。Sanaye等人对文章进行能量、经济和环境建模的分析，对住宅建筑的燃气发动机CCHP系统使用遗传算法进行优化[45]。Hanafizadeh等人在伊朗德黑兰为商业和办公楼使用CCHP系统。引入基于原动机能力的三种不同的可能情况，并且对每种情景进行经济研究，以确定关于每个替代物的可用性[46]。Obara等人研究了微电网系统的运行策略及配置容量设备，采用混沌粒子群优化算法，优化得出合理的容量配置[47]。M. D. Schicktanz等人分析了对CCHP系统影响较大的因子，经研究得出，电价格对CCHP系统来说是一个重要影响因子，当其价格呈上升趋势时，不利于CCHP系统的运用[48]。

影响CCHP系统的因子呈现多样化，比如设备的不同组合形式以及它们所产生的投资成本、系统寿命周期、设备的负荷率、能源价格、运行策略等，这些因素使得系统的规划方法和数学模型所呈现出非线性的特点，这给联供系统的优化配置求解带来困难[49]。Shaneb等人建立了针对居民区CCHP系统的通用线性模型，以年总运行成本最少为目标函数，经遗传算法优化得出主要联供设备最佳配置组合形式[50]。Kavvadias等人分别采用年总费用（AOC）和能源利用率（PES）作为CCHP系统的目标函数[51]。A-mir Nosrat提出了包含光伏电池的CCHP系统，并给出了相应的调度策略和调度模型[52]。Chang等人通过建立优化模型用于优化配置以及特定负载曲线的操作策略。模拟结果表明，如果配备优化的CCHP系统，酒店建筑的成本降低30%至40%[53]。Li等人分析了在住宅和办公楼两种类型的建筑中应用联合制冷、供暖和电力（CCHP）系统的效果，并使用遗传算法模型获得优异的环境性能[54]。Zhao等人通过电力决定的热量和热量决定的功率组合的方法，获得了最好的设备配置和操作策略，并且评估能效和经济的优化结果[55]。Wang等人通过遗传算法（GA）优化CCHP系统的容量和操作，分离了生产系统相比最大化CCHP系统实现的技术，经济和环境效益[56]。Ma等人通过建立包含CCHP系统中的各种能量使用，通过转换形式的数字模型统筹方法，优化得出CCHP系统的配置[57]。

我国研究CCHP系统经验较少，但随着产业升级、能源化结构调整，冷热电联供技术得到了进一步发展。目前，我国三联供系统主要应用在小型建筑上，一般为酒店、医院、宾馆等，而且这些小型的三联供系统应用主要集中在沿海城市，经济发展好，实力强。从一些能源相关的资料来看，2011年国内大概建设1000个类似的项目。2015年,国家在分布式能源领域取得突破性进展,制造出该系统的主要设备部件。到2020年,分布式能源的装机容量会升至5000万kW[32]。由于我国三联供系统的兴起主要开始于沿海地区,还没有形成一定的规模。因此,我国在能源结构调整方面仍需坚持不懈,在三联供技术开发方面仍需要长期深入探索。在结合国情的前提下,可以学习和借鉴国外先进的经验,提出切实有效的政策促进CCHP系统的发展[58-59]。我国研究者在CCHP系统领域所作的探索如下。

刘元园在CCHP系统的研究中选取经济性指标作为评价指标,采用以"热定电"和"以电定热"方式确定系统的方案,同时选用热、电比来确定最佳配备方案,但最终得出单一的"以热定电"或"以电定热",并不能达到经济最优[60]。赵冲对冷热电三联供系统建立了系统能量守恒数学模型,采用Cycle-Tempo软件创建了四种热、电联产的系统的数学模型,并分析了在不同距离条件下不同模型的经济性[36]。陈灿等人在CCHP系统中主要研究了由热负荷和电负荷两种模式来研究系统的经济性、节能性和环保性,最后得出不同办公区运用CCHP系统后的优势[61]。李赟等人研究的CCHP系统,主要研究在分时段能源价格下,以经济性目标为评价指标,运用混合整型多级目标规划法来优化设备容量、数量等,在满足冷、热、电负荷的条件下,得到了系统的最佳配备方式和优化运行方式[62]。陈晨根据区域燃气冷热电三联供系统的特点,考虑以发电机工作的总时长、初投资等原因给出系统最佳容量配置[63]。张志鹏等人采用负荷分析、夏季规划求解、冬季规划求解等方法对三联供系统中各种供能和蓄能设备的配置进行优化,提高了系统的投资和经济性[64]。高建华在对商业建筑的联供系统冷、热、电负荷的研究时,以设备总投资和运行费用为目标函数,优化得出系统的最佳配备方案[65]。雷建平等人通过分析投资、能源消耗等经济性能,得出了楼宇式冷热三联供系统为核心能源站的配置[66]。以上均是对常规CCHP系统进行分析对比,对可再生能源的加入研究相对较少,本书主要研究常规CCHP系统与可再生能源的结合,具有一定的经济性、节能性和环保性。这也正是未来研究的热点。

1.2.7 含多种能源的工业园区电源容量配置的研究现状

工业园区作为推进我国改革开放和经济发展的重要载体,一直被视为经济建设的主战场,是经济发展的一种战略模式。截至目前,国内工业园区发展历程共有三阶段:第一阶段(1983—1988年)开端、筹备和试验;第二阶段(1989—1992年),初步发展,主要设立52个国家级高新技术产业开发区;第三阶段(1993年至今),快速发展,种类和规模都有较大增长。随着技术的发展,工业园区作为工业经济发展的新模式,发展的速度和力度都很大,目前我国工业园区下一阶段发展的方向是低碳工业园区。

工业园区内能源容量的优化配置的主体是指含多能源的工业园,其自身的特殊性如下:

1)含多种能源的工业园区中可再生能源机组所占的比例很大,如光电机组、风电机组等,与传统能源发电方式不同,这些机组的输出功率具有波动性,受外界条件的影响。

2)含多种能源的工业园区发电单元电源种类多,组成结构灵活,其中的燃气轮机更是可以冷、热、电联产供应电能和热能,此外多数配备储能单元,运行可靠性高,满足用户需求。

3)集中设立厂房,更需要考虑对环境的影响,集中治理,集中排污。

需要对工业园区内能源的容量进行合理优化,科学配置,建立优化模型,运用优化算法对模型求解,从而达到各个能源之间最佳容量配置数量,实现能耗低、利用率高、成本低、环境污染物排放少的目的,国内外许多科研人员对此作出了大量研究。

包燕以新能源混合发电综合成本最低为目标函数,采用遗传算法对容量配置进行优化[67];施琳以年投资成本最低为目标函数,用遗传算法求解最优配置,制定了容量需求最小的调度策略[68];于雷建立了以经济型最优和可再生能源利用率最高的双目标优化模型,采用小生境-粒子群对模型进行求解[69];肖锐建立多目标配置模型,采用自适应的多目标差分算法求解[70];刘泽健等人建立包含投资和收益的配置求解模型,拟采用自适应粒子群算法求解[71];陈向华以系统最小运行成本为目标函数,兼顾污染物对环境的影响,建立新能源混合发电系统最优容量优化配置模型,利用遗传算法求解[72];张立功结合改进的等微增率和最优二次型的方式对多种能源容量配置模型求解[73];吴万禄等人选择利用遗传算法对基于等年值投资运行成本最小的模型进行求解[74];郑凌蔚等人针对发电效率减小、负荷逐步上升等问题构建容量配置模型并利用遗传算法求解[75];刘永民等人为提高系统的经济运行水平和优化容量配置,针对模型设计了基于点估计和并行分支定界法的综合计算方案[76];李静选择利用多目标粒子群算法,对包含供电可靠性和经济性指标的配置模型进行求解[77];M. Quashie提出了一种带有平衡约束的决策层次模型来优化多能源系统中的容量配置[78]; Yajun Li以最小性能指标系数为目标函数,建立多目标DES优化模型,解决装机容量配置问题[79];Seulki Han利用MILP方法建立系统能源配置模型对容量进行求解分析[80];Feng Li将模拟退火算法与随机粒子群算法相结合,求解混合储能系统的最佳容量配置模型[81]。

从国内外的研究现状可以看出,对于含多种能源的容量优化配置研究,主要集中在可再生能源与传统能源并网运行时,系统的经济运行优化方面,以系统的投资成本或收益为目标,很少涉及环保。即使涉及也只是和单个优化目标结合考虑,没有综合考虑系统的初始投资成本、设备运行维护、燃料耗费、经济效益和污染物排放等多方面指标。

1.2.8 粒子群算法的研究现状

20 世纪 90 年代以来,众多研究人员对于群智能的研究表现出非常大的兴趣,并且提出了很多群智能方法。20 世纪 90 年代初期,模仿生物种群(Swarm)行为的智能技术开始兴起,Dorigo 等从生物进化的原理中得到启示,通过模拟蚂蚁的寻径行为,提出了蚁群优化方法,Eberhart 和 Kennedy 在 1995 年通过对鸟群、鱼群寻找食物行为的研究提出了粒子群优化算法。这些研究可以称为群体智能(Swarmintelligence)。在自然界中,自然生物个体并不能体现出智能化,但是从整个族群的角度出发,生物群体却能体现出个体之间相互合作以处理复杂问题的能力,群体智能就是指这些整体性行为在人工智能领域中的应用。这些方法当中,粒子群算法(Particle Swarm Optimization,PSO)最具有代表性,PSO 是由 Kennedy 和 Eberhart 根据鸟群寻找食物的现象提出的迭代搜索算法。由于 PSO 算法具有可调参数少、收敛速度快、目标函数求解容易等优点,受到了学术界的重视,并被用于求解各类优化难题。然而,PSO 算法对于含有多个局部最优点的求解目标容易陷入局部最优,出现早熟现象,造成这种现象的原因是由优化算法中微粒的多样性迅速减少、不能保持和待优化函数本身性质决定。为了解决 PSO 算法的这种弊端,很多研究人员对 PSO 算法做出了改进。

根据改进的方式,大致可分为两类:一类是针对基本 PSO 公式和参数本身,如李整等人提出的改进目标权重导向的多目标 PSO 算法[82];张顶学提出了一种权重自适应方法,使粒子群算法中的权重根据需要进行动态变化来避免陷入"早熟"[83];王东风等人在骨干 PSO 算法的基础上,对粒子采用"镜像"的处理办法,增加算法得到最优解的能力[84];吴意乐等人为了增强算法的自适应能力,在粒子群惯性权重中引入了进化和聚合因子的概念[85];程声烽等人将变异算子引入粒子群中,用于提高神经网络的训练精度[86];亢国栋等人让惯性权重呈对数减小,提升了 PSO 算法的寻优速度和最优解准确度[87];刘建华等人提出了粒子相似度和相似度阈值的概念,用于控制粒子变异,提升了全局搜索能力[88]。另外一类是 PSO 算法和其他智能理论的混合,这一方式逐渐成为PSO算法研究的主流。Eslami M等人通过基本粒子群和混沌结合的策略,增加了全局寻优能力[89];谭跃等人为提高最优解的精度,对群体最优和个体最优值采取了杂交操作[90];程虹等人在优化过程中,引入“退火”理论,改善全局寻优能力[91];R. Jayasudha把遗传算法(Genetic Algorithm)和PSO算法结合起来,提高搜索精度[92];M. H. Ni等人在粒子群中加入遗传、变异和紧急搜索的特点,避免了局部最优[93]。

综上所述,含多种能源的工业园区的综合负荷建模及电源容量优化配置问题的研究具有重要理论和实际意义。

第2章 工业园区配电网综合负荷模型建模及其参数辨识

2.1 研究背景

负荷模型是电力系统分析规划和运行的基础。近年来,伴随分布式电源的广泛应用,电网的负荷结构发生了很大的变化,国内学者也对负荷模型进行了大量的研究,在经典负荷模型(CLM)的基础上提出了几种更加符合实际情况的负荷模型。然而,这些模型相对于现代工业园区负荷的描述不够准确。而现代工业园区作为促进我国经济发展的重要载体,近年来发展迅速,例如各类国家经济技术开发区、高新技术产业开发区、保税区、出口加工区等等。因此,建立更加准确的工业园区配电网综合负荷模型具有重要的意义。

当前负荷建模常用的方法主要有统计综合法、总体测辨法、故障仿真法等。其中,总体测辨法可使用实测数据拟合确定辨识参数,方便实用。因此本文利用总体测辨法对工业园区负荷模型进行研究。基本思路为考虑配电网络参数的同时,研究无功补偿与变压器分接头的选择对模型造成的影响。结合实际工业园区的负荷特点,基于一种适用电压范围更广的导纳静态模型[94-95]建立起"综合感应电动机导纳模型"。

负荷模型中的参数辨识是一个难点。通常负荷模型的参数辨识方法大致可分为两类:线性方法与非线性方法。其中线性方法有最小二乘估计法、卡尔曼滤波等方法,非线性方法主要包括梯度法、随机搜索法和模拟进化法,其中模拟进化法的应用更为广泛。应用于负荷建模参数辨识的进化方法主要有混沌优化算法、遗传算法,以及人工神经网络算法(ANN)等。混沌算法的搜索时间过长,且当搜索空间大、变量多时搜索结果限于局部最优,无法找出全局最优结果;遗传算法搜索速度比较慢,稳定性较差,其搜索方向具有随机性,每次搜索得到的结果可能会有差异[4];人工神经网络算法

(ANN)适合用于非机理模型。粒子群优化算法(CPSO)[96]是将混沌优化与基本粒子群算法(PSO)结合,该算法是基于混沌搜索的算法,搜索不受限于局部最优,不但精度高,搜索速度也快。因此,本文采用CPSO算法进行参数辨识。

2.2 综合负荷模型的建立

电力系统综合负荷模型是反映实际电力系统负荷的频率、电压、时间特性的负荷模型,具有区域性(每个实际电力系统有自己特有的综合负荷模型,与本系统的负荷构成有关)和时间性。

2.2.1 传统综合负荷模型(CLM)

传统综合负荷模型如图2.1所示,综合负荷直接与110kV母线相连,并考虑了感应电动机、静态负荷(ZIP)以及电容补偿等结构,其配电网等值阻抗并入电动机等值定子阻抗上,间接考虑了配电网参数。该模型具有物理意义明确、结构简单等优点。该模型的缺点也很明显:一是辨识结果中配电网参数分散性较大,影响模型准确性;二是静态负荷ZIP模型虽然广泛应用于各电网调度和规划部门中,但是该模型因在电压为零时负荷吸收的功率不为零,因此对低压状态下的负荷特性描述不够准确。与同幂函数模型一样,该类模型通常只能准确描述±10%额定电压变动情况下的负荷静态特性。

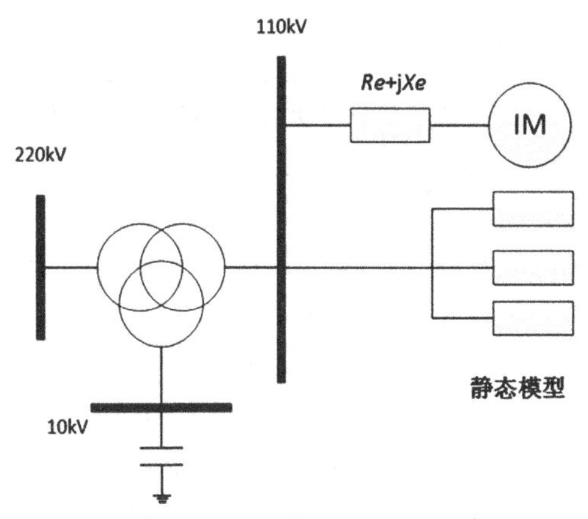

图2.1 传统综合负荷模型

2.2.2 综合感应电动机导纳模型

本书提出了一种综合感应电动机导纳模型，其等效结构如图 2.2 所示。

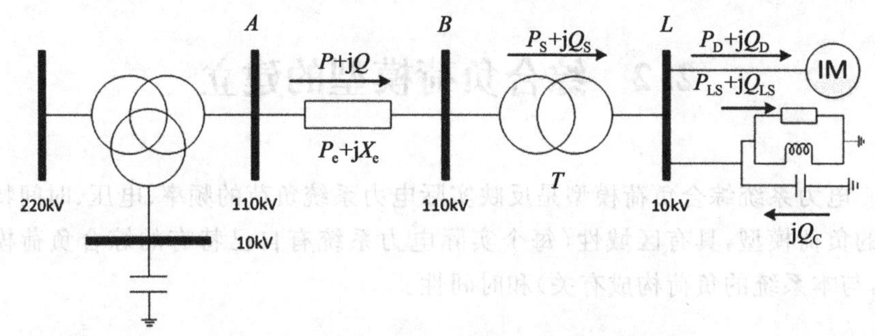

图 2.2 综合感应电动机导纳模型等效结构

该模型中时间参数采用有名值，其他参数均为标幺值。同时配网参数采用系统标准下的标幺值，感应电动机参数采用自身基准下的标幺值，由此定义系统功率与电压基准分别为 S_{BS} 和 U_{BS}，感应电动机功率基准为 S_{BM}，电压基准为 U_{BM}。则图 2.2 对应的等值电路如图 2.3 所示。

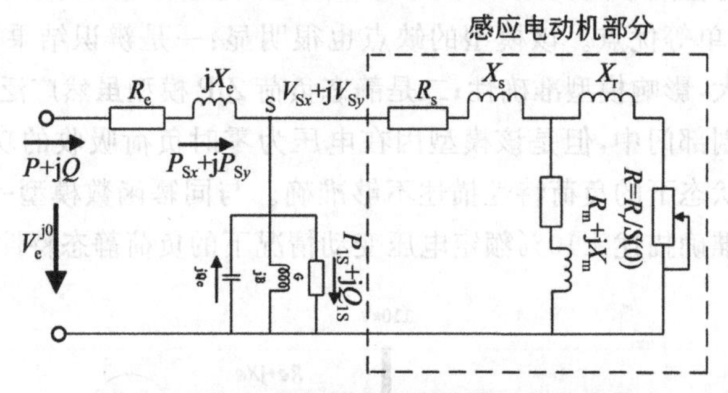

图 2.3 综合感应电动机导纳模型等值电路

1. 配网参数与变压器组的关系

图 2.2 所示配网参数与变压器组关系如式(2.1)～式(2.3)所示，变压器组与低压负荷功率平衡见式(2.4)：

$$\begin{cases} P_S = P - (P^2 + Q^2) R_e / U^2 \\ Q_S = Q - (P^2 + Q^2) X_e / U^2 \end{cases} \tag{2.1}$$

$$\begin{cases} P = P_S - (P_S^2 + Q_S^2) R_e / U_S^2 \\ Q = Q_S - (P_S^2 + Q_S^2) X_e / U_S^2 \end{cases} \tag{2.2}$$

$$\begin{cases}U_{Sx}=U-(PR_e+QX_e)/U\\U_{Sy}=(QR_e-PX_e)/U\end{cases}\tag{2.3}$$

$$P_S+jQ_S=(P_{LS}+jQ_{LS})+(P_D+jQ_D)-jQ_C\tag{2.4}$$

式中：P_S、P_S 分别为流入变压器低压侧母线 S 的有功和无功功率；P、Q 分别为从电网吸收的有功和无功功率；P_{LS}、Q_{LS}分别为静态负荷的有功和无功功率；P_D、Q_D 分别为异步电动机的有功和无功功率；Q_C 变电容无功功率；R_e、X_e 分别为线路电阻和电抗；U、U_S 分别为电网电压、变压器低压侧母线 S 电压；U_{Sx}、U_{Sy}分别为 U_S的实部和虚部。

2. 等值变换公式

由于图 2.2 中感应电动机部分参数为自身基准，其余部分参数均为系统基准，因此需引入等值变换公式。

设变压器分接头电压值为 $U_T^{(1)}$，低压侧额定值为 $U_T^{(2)}$，U_{BS}为系统基准电压，U_{BL}为低压侧 10kV 母线基准电压，则有：

$$\begin{cases}k_{T*}=k_T/k_B\\k_T=U_T^{(1)}/U_T^{(2)}\\k_B=U_{BS}/U_{BL}\end{cases}\tag{2.5}$$

$$K=S_{BS}/S_{BL}\tag{2.6}$$

$$U_{BL}=U_{BS}/k_T\tag{2.7}$$

式中：S_{BS}为系统功率；S_{BL}为 IM 的功率。

设 U_{im}、E'_{im}、I_{im}、P_{im}、Q_{im}、Z_{im}分别为 IM 自身基准下的电压、暂态电动势、电流、功率和等值阻抗，相应系统基准值的标幺值分别为 U_S、E_S'、I_S、P_D、Q_D、Z_S，若 $U_{BL}=U_T^{(2)}$，由式(2.5)得到 $k_{T*}=U_T^{(1)}/U_{BS}$，取系统基准电压为高压侧变压器运行时主抽头电压，即 $k_{T*}=1$。IM 基准电压取低压侧 10kV 母线电压，即 $U_{BL}=U_T^{(2)}$，则变换公式如式(2.8)所示：

$$\begin{pmatrix}U_S\\E'_S\\I_S\\P_D\\Q_D\\Z_S\end{pmatrix}=\begin{pmatrix}k_{T*} & & & & & 0\\ & k_{T*} & & & & \\ & & \frac{1}{Kk_{T*}} & & & \\ & & & \frac{1}{K} & & \\ & & & & \frac{1}{K} & \\ 0 & & & & & Kk_{T*}^2\end{pmatrix}\begin{pmatrix}U_{im}\\E'_{im}\\I_{im}\\P_{im}\\Q_{im}\\Z_{im}\end{pmatrix}\tag{2.8}$$

3.感应电动机数学模型

感应电动机采用三阶暂态方程描述，该方程是由其五阶 Park 方程简化推导而来，即感应电动机的三阶实用模型，因忽略 IM 输入电压中直轴或交轴分量，因此该模型为单分量负荷模型[97]，如式(2.9)所示：

$$\begin{cases}\dfrac{\mathrm{d}e'_{\mathrm{im}.x}}{\mathrm{d}t}=s(1+\omega_0)e'_{\mathrm{im}.y}-\dfrac{1}{T_{d0}'}\left\{e'_{\mathrm{im}.x}+\dfrac{X_s-X'}{R_s^2+(\omega X')^2}\left[R_s(U_{\mathrm{im}.y}-e'_{\mathrm{im}.y})-x'(U_{\mathrm{im}.x}-e'_{\mathrm{im}.x})\right]\right\}\\ \dfrac{\mathrm{d}e'_{\mathrm{im}.y}}{\mathrm{d}t}=-s(1+\omega_0)e'_{\mathrm{im}.x}-\dfrac{1}{T_{d0}'}\left\{e'_{\mathrm{im}.y}+\dfrac{X_s-X'}{R_s^2+(\omega X')^2}\left[R_s(U_{\mathrm{im}.x}-\omega e'_{\mathrm{im}.x})-\omega x'(U_{\mathrm{im}.y}-\omega e'_{\mathrm{im}.y})\right]\right\}\\ \dfrac{\mathrm{d}s}{\mathrm{d}t}=\dfrac{T_m}{T_j}-\dfrac{(R_s e'_{\mathrm{im}.y}+\omega x' e'_{\mathrm{im}.x})(U_{\mathrm{im}.y}-\omega e'_{\mathrm{im}.y})+(R_s e'_{\mathrm{im}.x}-\omega X' e'_{\mathrm{im}.y})(U_{\mathrm{im}.x}-\omega e'_{\mathrm{im}.x})}{T_j(R_s^2+(\omega X')^2)}\\ T_{d0}'=\dfrac{X_r+X_m}{\omega_0 R_r}\\ X'=\dfrac{X_s+X_m X_r}{X_m+X_r}\end{cases} \tag{2.9}$$

式中，$e'_{\mathrm{im}}=e'_{\mathrm{im}.x}+\mathrm{j}e'_{\mathrm{im}.y}$为感应电动机暂态电势；$U_{\mathrm{im}}=U_{\mathrm{im}.x}+\mathrm{j}U_{\mathrm{im}.y}$为负荷端电压；$t$ 为时间；s 为感应电动机的转差率；ω_0 为系统的同步角频率，频率为 50Hz 时，$\omega_0=314.16\mathrm{rad/s}$；$T_{d0}'$为感应电动机暂态电势的衰减时间常数；$X_s$ 为定子绕组漏抗；R_S 为定子电阻；R_r 为转子电阻；X'为定子和转子暂态电抗；x'为定子和转子同步电抗；X_r 为转子绕组漏抗；X_m 为励磁电抗；T_j 为转子惯性时间常数；T_m 为感应电动机机械负载功率，具体如式(2.10)所示：

$$T_m = T_0[A\omega_r^2+B\omega_r+C] \tag{2.10}$$

感应电动机输出方程为：

$$\begin{aligned}I_{\mathrm{im}.x}&=\frac{R_S(U_{\mathrm{im}.x}-e_{\mathrm{im}.x})+X'(U_{\mathrm{im}.y}-e'_{\mathrm{im}.y})}{R_s^2+X'^2}\\ I_{\mathrm{im}.y}&=\frac{R_S(U_{\mathrm{im}.y}-e'_{\mathrm{im}.y})+X'(U_{\mathrm{im}.x}-e'_{\mathrm{im}.x})}{R_s^2+X'^2}\end{aligned} \tag{2.11}$$

感应电动机的功率为：

$$\begin{cases}P_{\mathrm{im}}=U_{\mathrm{im}.x}I_{\mathrm{im}.x}+U_{\mathrm{im}.y}I_{\mathrm{im}.y}\\ Q_{\mathrm{im}}=U_{\mathrm{im}.x}I_{\mathrm{im}.x}-U_{\mathrm{im}.y}I_{\mathrm{im}.y}\end{cases} \tag{2.12}$$

感应电动机的暂态电动势为：

$$\begin{pmatrix}e'_{\mathrm{im}x}(0)\\ e'_{\mathrm{im}y}\end{pmatrix}=\frac{1}{\omega_0}\left\{\begin{pmatrix}-R_S & \omega_0 X'\\ -\omega_0 X' & -R_S\end{pmatrix}\begin{pmatrix}I_{\mathrm{im}x}(0)\\ I_{\mathrm{im}y}(0)\end{pmatrix}+\begin{pmatrix}1+R_S G+\omega_0 X'B & R_S B-\omega_0 X'G\\ -(R_S B-\omega_0 X'G) & 1+R_S G+\omega_0 X'B\end{pmatrix}\begin{pmatrix}U_{\mathrm{im}x}(0)\\ U_{\mathrm{im}y}(0)\end{pmatrix}\right\} \tag{2.13}$$

其中，I_{im} 由式(2.14)确定：

$$I_{im.x}(0)=\frac{U_{im.x}(0)P_{im}(0)+U_{im.y}(0)Q_{im}(0)}{U_{im}^2(0)}$$

$$I_{im.y}(0)=\frac{U_{im.y}(0)P_{im}(0)+U_{im.x}(0)Q_{im}(0)}{U_{im}^2(0)} \tag{2.14}$$

4.静态负荷数学描述

幂函数模型以及多项式模型对综合负荷处于低压状态下的静态负荷特性解释能力不够。综合负荷导纳静态模型是以感应电动机为主要负荷的一种静态模型，该模型特点是对低压状态下负荷静态特性也能够较好地描述，适用于实际工业园区负荷。根据感应电动机 T 型等值电路得到该模型如式(2.15)所示：

$$G_1(U_S)=k_{g0}U_S^{kg1},\forall U\geqslant U_{cr}$$

$$G_2(U_S)=g_0,\forall U_S\leqslant U_{cr}$$

$$G(U_S)=G_2(U_S)+(G_1(U_S)-G_2(U)_S)f(U_S) \tag{2.15}$$

式中：U_S 为综合负荷低压侧的端电压；G 为静态等值电导；G_1、G_2 分别为稳定状态和失稳状态；U_{cr} 为失稳临界电压，见式(2.16)，仿真表明其 U_{cr} 为 0.6375～0.6785。

$$U_{cr}=(G_{cr}/k_{g0})^{1/kg_1} \tag{2.16}$$

$f(U_s)$ 为 s 形函数，如式(2.17)所示，其中 T_c 为给定常数。

$$f(U_S)=\frac{1}{1+e^{\frac{-|(U_S-U_{cr})|}{T_c}}} \tag{2.17}$$

IM 静态等值导纳关系由式(2.18)所示：

$$G=\frac{R_r s}{R_r^2+s^2x^2}$$

$$B=\frac{1}{X_m}+\frac{xs^2}{R_r^2+s^2x^2} \tag{2.18}$$

式中：r 表示转子电阻；s 表示 IM 的转差率；$x=X_s+X_r$；X_m 表示励磁电流电抗。

由式(2.15)可得感应电动机转差率如式(2.19)所示：

$$s=\frac{R_r(1\pm\sqrt{1-4G^2x^2})}{2Gx^2} \tag{2.19}$$

式中：“＋”代表 IM 稳定区；“－”代表 IM 失稳区。

考虑并联补偿电容对配电网等效导纳的影响，建立了综合负荷静态等效导纳模型如式(2.20)所示：

$$\begin{cases} B(U_S)=b_0+b_1\{2-(G(U_S)/b_1)^2/[1-\sqrt{1-(G(U_S)/b_1)^2}]\}+ \\ \qquad b_2G^{b3}(U_S) \quad \forall U_S \geqslant U_{cr} \\ B(U_S)=b_0+b_1\{2-(G(U_S)/b_1)^2/[1+\sqrt{1-(G(U_S)/b_1)^2}]\}+ \\ \qquad b_2G^{b3}(U_S) \quad \forall U_S \geqslant U_{cr} \end{cases} \tag{2.20}$$

式中，$B(U_S)$表示综合负荷静态等值电纳，上下两式分别代表稳定状态及失稳状态下的等值电纳；b_0、b_1、b_2、b_3 为模型参数，b_1 为临界等值电导 G_{cr}，当 $G=G_{cr}$时，$B=B_{cr}$。B_{cr}如式(2.21)所示：

$$B_{cr}=b_0+G_{cr}+b_2G_{cr}^{b3} \tag{2.21}$$

综合负荷的静态功率如式(2.22)所示：

$$\begin{cases} P_{LS}(U_S)=U_S^2G(U_S) \\ Q_{LS}(U_S)=U_S^2B(U_S) \end{cases} \tag{2.22}$$

5. 静态负荷无功补偿

电网中感性负载比例较大，如交流电机、变压器等。这些设备在运行过程中需要无功功率消耗。无功补偿可以降低电网对感性负载的无功功率，降低网损。

将动态无功补偿元件与静态负荷并联，如式(2.23)所示：

$$Q_C(t)=k_q\times[U_S(t)-U_S(0)]^2 \tag{2.23}$$

式中：$Q_C(t)$表示 t 时刻无功补偿的容量；k_q 为补偿系数。

6. 独立待辨识参数

本书构造的负荷模型独立待辨识参数如下：

1)基准变换：

$$\alpha_1=[K、K_m、k_{T^*}]$$

2)配电网部分：

$$\alpha_2=[R_e、X_e]$$

3)静态负荷部分：

$$\alpha_3=[k_{g0},k_{g1},,b_0\sim b_3,k_q]$$

4)感应电动机及机械负载特性部分：

$$\alpha_4=[R_s、X_s、R_r、X_r、X_m、T_j、A、B]$$

7. 非独立待辨识参数

非独立待辨识参数由静态负荷导纳、感应电动机负载率及感应电动机机械负载特性参数构成：

$$\beta=[G、B、T_0、C]$$

其中

$$T_0=\frac{\dfrac{[P_{im}(0)-I_{im}^2(0)R_S]}{(1-s(0))}}{A(1-s(0))^2+B(1-s(0))+C} \tag{2.24}$$

$$I_{im}^2(0)=I_{im.x}^2(0)+I_{im.y}^2(0) \tag{2.25}$$

2.2.3　模型初始化

1)在模型中输入实测电压激励 $U(k)$、实测有功功率 $P(k)$ 及无功功率 $Q(k)$，并给定独立待辨识参数初值 α，由实测数据通过式(2.1)～式(2.3)得到系统基准下的末端电压激励，通过式(2.8)变换为自身基准下的末端电压激励。

2)计算低压侧母线 L 上的负荷功率，设 K_m 为 IM 动态负荷比例：

$$K_m=\frac{P_D(0)}{P_S(0)} \tag{2.26}$$

式中：$P_D(0)$ 为感应电动机初始有功功率；$P_S(0)$ 为低压侧母线 L 的初始有功功率。

由式(2.25)及图2.3求出 IM 及静态负荷初始稳态有功功率如式(2.27)所示：

$$\begin{cases}P_{im}(0)=K\cdot P_D(0)=K\cdot K_m\cdot P_S(0)\\P_{LS}(0)=P_S(0)-P_D(0)=(1-K_m)P_S(0)\end{cases} \tag{2.27}$$

3)计算系统基准下的IM初始稳态无功功率及静态负荷初始稳态无功功率，如式(2.28)～式(2.29)所示：

$$Q_{im}(0)=U_{im}^2(0)B(0)=(U_S(0)/k_{T*})^2B(0) \tag{2.28}$$

$$Q_{LS}(0)=Q_S(0)-Q_D(0)=Q_S(0)-Q_{im}(0)/K \tag{2.29}$$

4)由式(2.13)～式(2.14)计算感应电动机暂态电动势初值及非独立待辨识参数 β。

5)采用四阶龙格库塔法解微分方程组(2.9)，解出 IM 的转差率 $s(k)$ 及暂态电动势 e'_{imx}，$e'_{imy}(k)$，将其带入式(2.11)～式(2.12)计算出 IM 模型功率响应，由式(2.20)求得静态负荷的功率响应，再通过式(2.1)～式(2.2)及式(2.8)基准变换后得到系统基准下低压侧线路 L 的模型功率负荷，最终再由式(2.2)推导线路首端功率响应。

6)利用上述步骤所得数据，使用算法进行寻优，判断是否满足输出条件，获得模型参数。参数辨识准则如式(2.30)所示：

$$\min J[x(t),u(t),\alpha,\beta]=\min\sum_{k=1}^{L}\{[y(k)-y_{\mathrm{m}}(k)]^{T}\cdot[y(k)-y_{\mathrm{m}}(k)]\} \tag{2.30}$$

式中，$x(t)$表示系统状态向量；$u(t)$为系统输入向量；$y_{\mathrm{m}}(k)=[P_{\mathrm{m}}(k),Q_{\mathrm{m}}(k)]^{\mathrm{T}}$ 为输入 $u(t)$时负荷模型得到的输出响应；$y(k)$表示符合模型实际输出相应；k 为采样开始时刻；L 为采样数。

模型检验，输出结果。

2.3 混沌粒子群算法(CPSO)

混沌粒子群算法(Chaos Particle Swarm Optimization，CPSO)算法是在基本粒子群算法(PSO)的基础上对种群中最优粒子 g 进行混沌优化搜索，改进了 SPSO 算法收敛速度慢、容易陷入局部最优的缺点。为提高算法效率加入递增的混沌搜索概率，前期以小概率对粒子进行混沌搜索，后期以接近 1 的概率对粒子进行混沌搜索，概率 P_k 如式(2.31)所示：

$$P_k=1-\frac{1}{1+\ln(x)} \tag{2.31}$$

算法实现流程如下：

步骤 1：初始化学习因子 c_1 和 c_2，约束因子 a，最大进化代数 $iter_{\max}$、w_{min} 和 w_{max}，粒子数 N，混沌搜索步长调节参数 β 和混沌搜索步数 $ck_{\max}$。

步骤 2：随机生成 N 个粒子的 x_i 和 v_i，令 $k=0$。

步骤 3：按式(2.32)计算惯性权重 w^k：

$$w^k=w_{\max}-k\frac{w_{\max}-w_{\min}}{iter_{\max}} \tag{2.32}$$

步骤 4：按式(2.33)更新每个粒子的 p_i 及种群的 g。如果 $v_{id}^k>v_d^{\max}$，则 $v_{id}^k=v_d^{\max}$，如果 $v_{id}^k<v_d^{\min}$，则 $v_{id}^k=v_d^{\min}$；如果 $x_{id}^k>b_d$ 或者 $x_{id}^k<a_d$，则重新初始化 $x_{id}^k(d=1,2,\cdots,D)$。$v_d^{\max}$ 和 $v_d^{\min}$ 为 v_d 的取值范围。式(2.33)如下所示：

$$\begin{cases}v_{id}^{k+1}=w^k v_{id}^k+c_1 r_1(p_{id}^k-x_{id}^k)+c_2 r_2(p_{gd}^k-x_{id}^k)\\x_{id}^{k+1}=x_{id}^k+a v_{id}^k\end{cases} \tag{2.33}$$

步骤 5：按式(2.31)得到 P_k，若 $rand(0,1)\leqslant P_k$，进行混沌优化搜索，否则到步骤 6。rand(0,1)为[0,1]间的随机数：

1)令 $d=1$；

2)对粒子 g 中变量 x_{gd}^{k} 进行混沌优化搜索，其余的 $D-1$ 个变量保持不变。混沌化搜索的步骤为：

(1)令 $l=0$；随机生成 D 个不同轨迹的混沌变量 $cx_{d}^{l}(d=1,2,\cdots,D)$，其中 0、0.25、0.5、0.75 四个点恒定不变。d 为变量序号，l 表示第 l 次混沌搜索；

(2)将 cx_{d}^{l} 线性映射到优化变量取值区间$[a_d,b_d]$，得到 rx_{d}^{l}，如式(2.34)所示：

$$rx_{d}^{l} \leftarrow a_{d}^{l}+(b_{d}-a_{d})cx_{d}^{l} \tag{2.34}$$

(3)对 x_{d}^{l} 进行混沌搜索：

$x_{d}^{l} \leftarrow x_{d}^{l}+\beta rx_{d}^{l}$，若 $f(x_{d}^{l})<f*$，则 $f^{*}=f(x_{d}^{l})$，$x_{d}^{*}=x_{d}^{l}$。其中，f^{*} 为当前最优解，x_{d}^{*} 为当前得到的最优变量，β 为一极小常数。

(4)$l \leftarrow l+1$，$cx_{d}^{l} \leftarrow 4cx_{d}^{l}(1-cx_{d}^{l})$。

(5)重复(2)，(3)，(4)，直到寻找出最优解 f^{*} 或者达到 $ck_{\max}$ 停止计算。

3)$d \leftarrow d+1$，若 $d=D$ 则结束混沌搜索，否则转到(2)对下一变量进行混沌搜索。

步骤6：$k \leftarrow k+1$。

步骤7：如果粒子的适应度小于给定阈值或 $k>iter_{\max}$，则判断收敛，进化结束并返回全局最优解，否则，按步骤3继续进行进化计算。图2.4为动态负荷模型参数辨识流程图。

2.4 仿真算例

为了验证模型有效性，采用图2.5所示的IEEE9节点系统进行建模仿真。节点5接入本书所建立综合负荷模型。在线路7－8中间设置瞬时三相短路接地故障，将故障下节点5负荷母线的电压、有功功率和无功功率作为参数辨识原始数据。

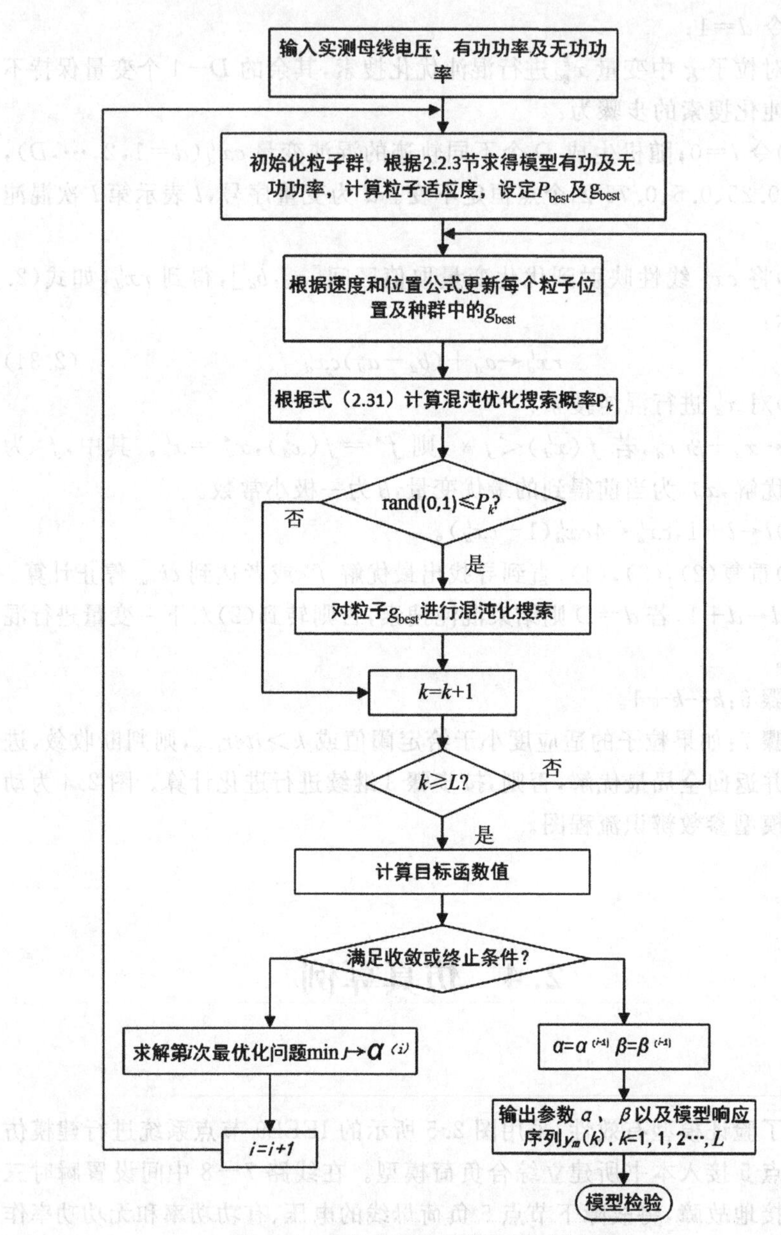

图 2.4　动态负荷模型参数辨识流程图

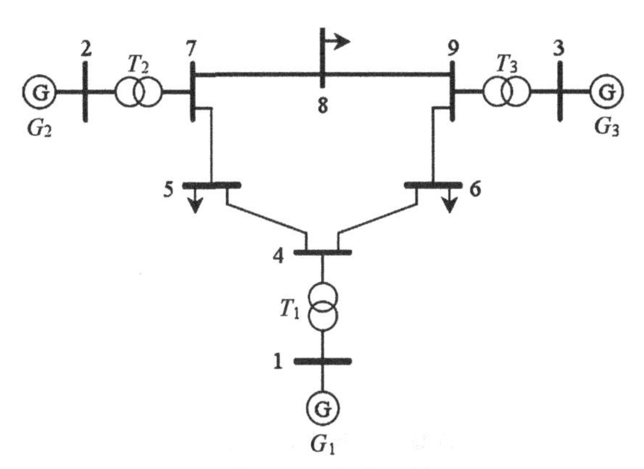

图 2.5　仿真系统

根据以往的工程实践及仿真研究表明，辨识参数过多不但会增加计算量，而且会影响辨识精度，因此对于灵敏度较小的参数取典型值为：$T_{d0}'=0.576$，$R_s=0$，$R_r=0.02$，$X_r=0.12$，$T_j=2$，$X_m=3.5$，$A=0.85$，取 $k_T^*=1$，$K=1$。为了使仿真环境更接近于工业负荷特点，固定感应电动机动态负荷相关参数 $K_m=0.78$，对剩余参数进行辨识。设定部分参数搜索范围如下：X_s 为 0.1～0.4pu；X_e 为 0.01～0.2pu；R_e 为 0.01～0.1pu。辨识结果见表 2.1。

表 2.1　仿真算例参数辨识结果

编号	压降	R_e	X_e	X_s	k_{g0}	k_{g1}	b_1	b_2	b_3	k_q	G	B	残差
1	30%	0.039	0.016	0.124	0.147	−3.29	3.72	0.07	−0.79	4.132	0.141	−0.132	0.162
2	40%	0.040	0.015	0.133	0.159	−2.73	3.03	0.13	−0.83	3.897	0.167	−0.212	0.173
3	50%	0.052	0.017	0.129	0.190	−3.02	3.23	1.21	−0.55	3.958	0.423	−1.223	0.165
4	60%	0.061	0.024	0.164	0.237	−2.47	2.97	1.37	−0.56	4.243	0.311	−2.012	0.179

给出编号 2 和编号 4 的仿真结果，如图 2.6、图 2.7 所示。

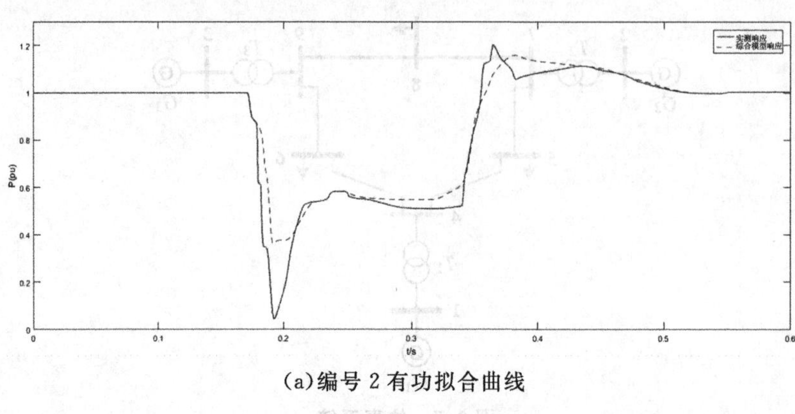

(a)编号 2 有功拟合曲线

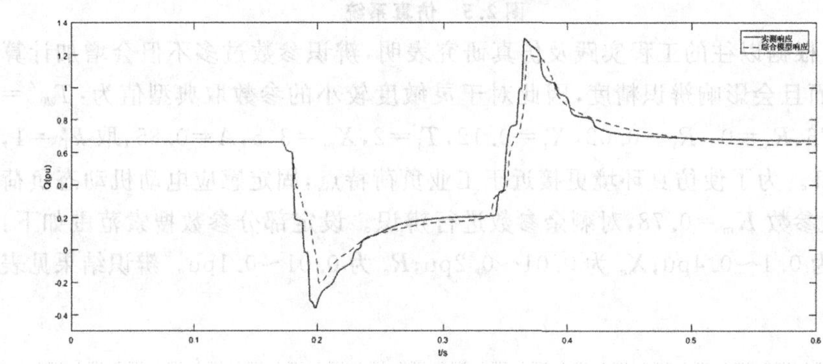

(b)编号 2 无功拟合曲线

图 2.6 编号 2 对比曲线

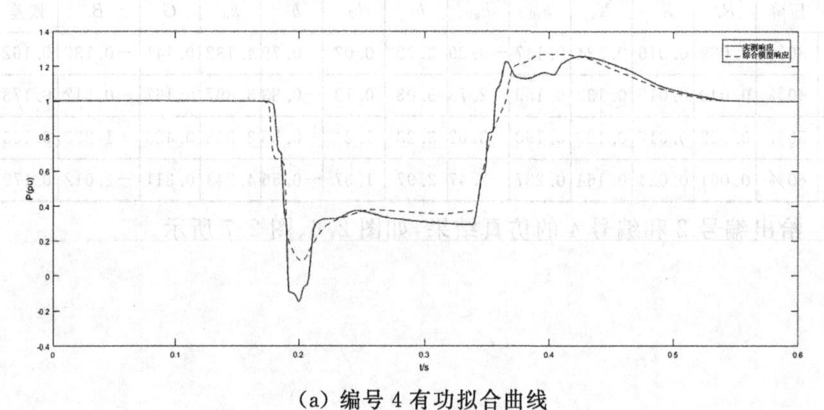

(a) 编号 4 有功拟合曲线

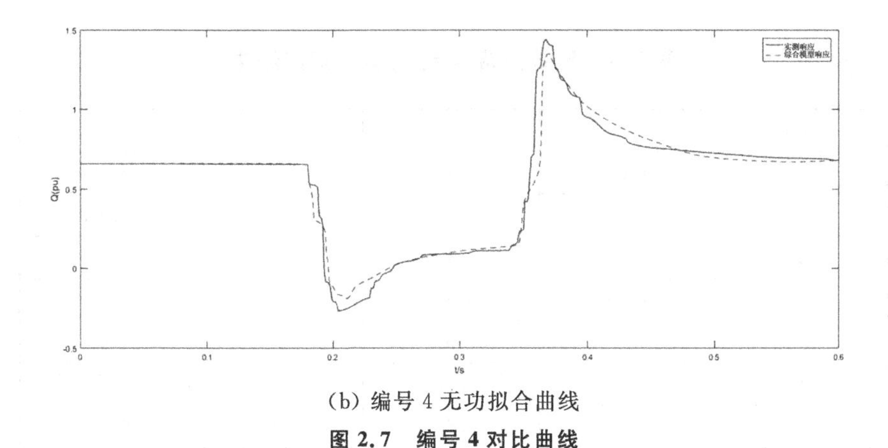

(b) 编号4无功拟合曲线

图2.7 编号4对比曲线

由表2.1参数辨识结果及图2.6和图2.7可看出，模型参数辨识过程中固定感应电动机相关参数，设置不同压降水平进行参数辨识，压降跨度大，辨识参数与真值较为接近，误差在可接受范围之内。辨识结果验证了模型的有效性。

2.5 应用实例

为了验证该模型在实际电网中的有效性，根据某220kV变电站110kV侧采集到的实测数据用总体测辨法进行建模。该变电站负荷包含了50.2%的重工业及16%的轻工业，属于典型工业用电为主的负荷，其负荷特征见表2.2所示。

表2.2 实测动态负荷记录的数据特征

编号	时间	数据特征			
		V_0/kV	P_0/MW	Q_0/MVar	ΔV/%
1	03-08-21 T17:41:53	123.1	42.2	2.7	−6.7
2	03-10-12 T17:58:39	121.6	31.9	2.0	−19.3
3	04-4-1 T03:48:34	126	22.3	5.1	−8.7
4	05-2-9 T17:58:39	122.9	16.1	−5.2	−11.6

使用传统感应电动机模型和本书的负荷导纳模型对上述实测数据进行模型参数辨识。传统感应电动机模型及本书负荷导纳模型辨识结果分别见表2.3、表2.4。

表 2.3　传统感应电动机参数辨识结果

编号	G	B	R_s	T_0'
1	0.432	0.833	0.079	1.390
2	0.197	1.359	0.027	0.063
3	0.509	0.455	0.032	0.146
4	0.696	0.632	0.028	0.337
编号	X'	n	T_j	α
1	0.321	1.074	2.097	0.047
2	0.233	0.697	1.328	0.734
3	0.393	2.016	0.730	3.471
4	0.482	2.391	3.285	2.832
编号	1	2	3	4
残差	0.138	0.179	0.171	0.154

表 2.4　综合感应电动机导纳模型参数辨识结果

编号	R_e	X_e	X_S	k_{g0}	k_{g1}
1	0.038	0.011	0.193	0.191	−0.59
2	0.049	0.018	0.189	0.153	−0.73
3	0.087	0.042	0.151	0.328	−0.49
4	0.035	0.021	0.185	0.397	−0.69
编号	b_0	b_1	b_2	b_3	k_q
1	0.37	6.07	0.33	−0.53	4.078
2	0.29	6.11	0.28	−0.51	3.625
3	0.31	6.30	0.39	−0.55	1.396
4	0.30	6.19	0.42	−0.58	3.379
编号		1	2	3	4
残差		0.012	0.042	0.039	0.035

限于篇幅下边仅给出编号 1 和 2 的实测数据辨识图形，如图 2.8 和图 2.9 所示。

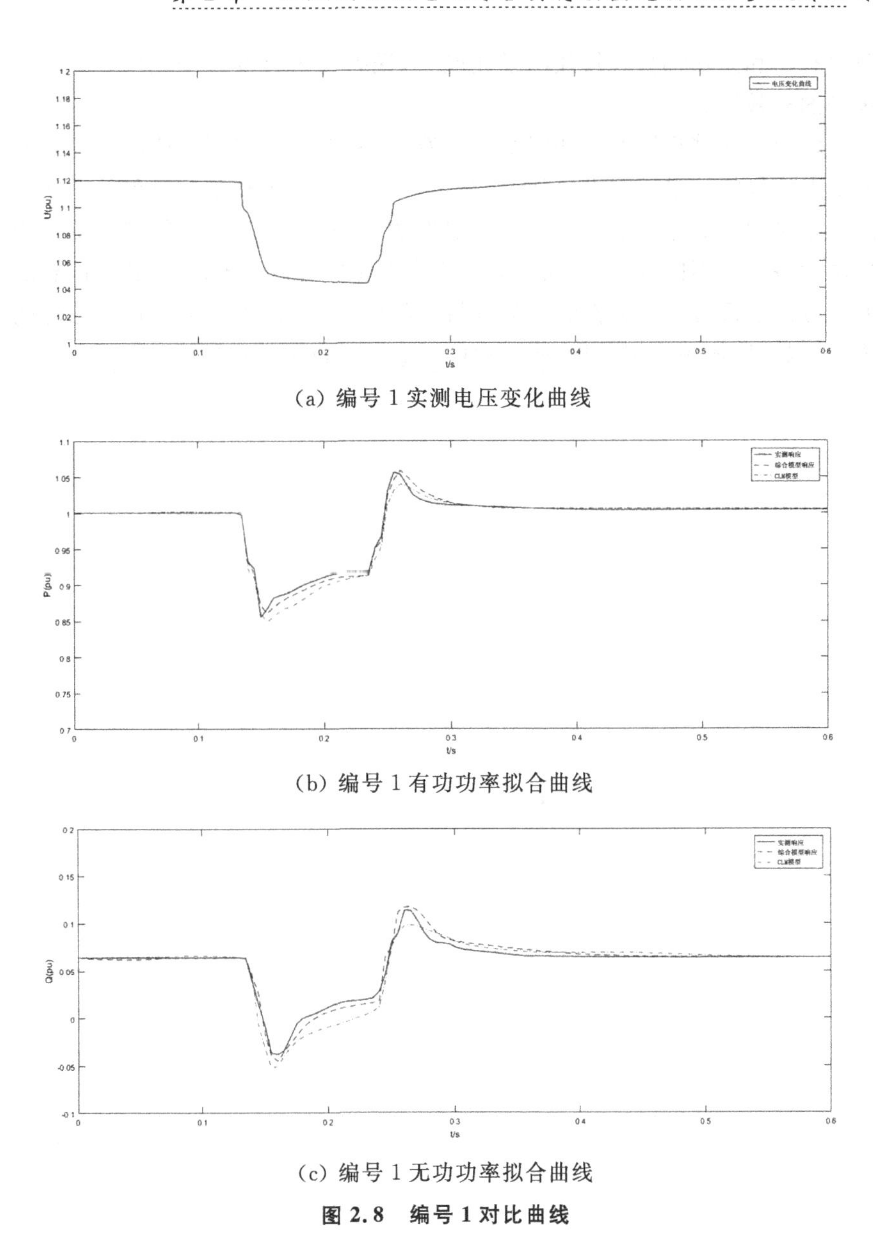

(a) 编号 1 实测电压变化曲线

(b) 编号 1 有功功率拟合曲线

(c) 编号 1 无功功率拟合曲线

图 2.8　编号 1 对比曲线

2.6　讨论

综合上述模型构造及参数辨识结果,对模型简要讨论如下:

1)通过上述仿真及实例结果可看出,在不同压降情况下模型仿真及实例对有功和无功都具有较强的描述能力，误差在可接受范围之内。验证了模型的有效性。

2)由实测结果图 2.8 和图 2.9 可看到，模型对于实测负荷的失稳特性和功率恢复特性描述能力较强，但对于暂态行为描述稍微有所欠缺。造成这一结果的可能原因是由于负荷时变性的影响，对于不同时刻综合负荷中用电设备比例不同、响应时间不同造成辨识参数有所误差，解决这一问题的有效方法是通过实测数据的聚类分析，得到能正确反映这一类负荷特性的模型参数，以修正辨识结果，使模型更好地描述暂态过程。

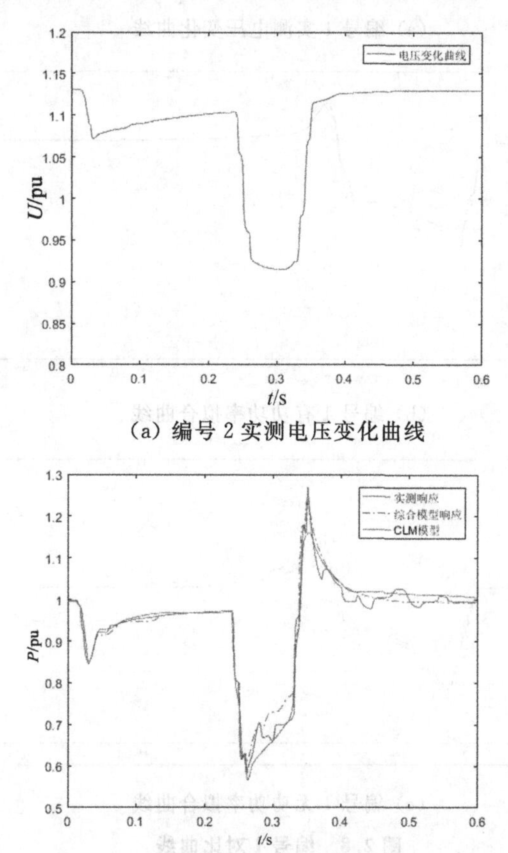

(a) 编号 2 实测电压变化曲线

(b) 编号 2 有功功率拟合曲线

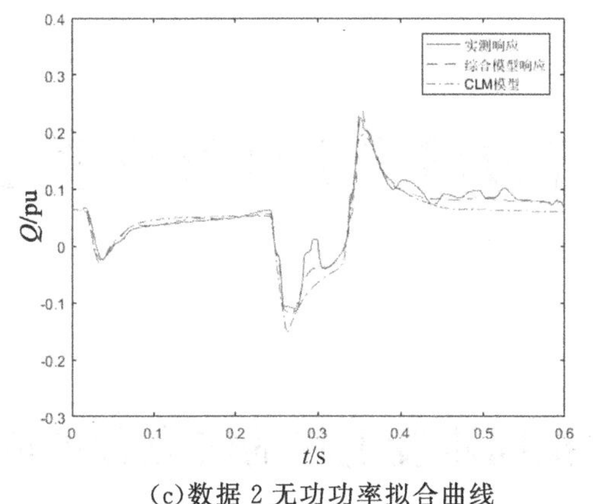

(c)数据 2 无功功率拟合曲线

图 2.9　数据 2 对比曲线

3)本文中综合负荷失稳区的参数 g_0 为保证低压状态下的适应性可适当假设一个值,因参数 $b_1(G_{cr})$确定,故不会影响模型的准确性。

2.7　小结

本章通过总体测辨法建立了一种考虑全电压范围的综合负荷模型并采用 CPSO 算法进行仿真,得到以下结论:

1)工业园区负荷中感应电动机是其最主要的动态负荷。本书提出的模型在计入配网并联无功补偿和变压器分接头的影响的同时,使用静态导纳模型,更符合工业园区实际情况。

2)本书使用 CPSO 算法进行参数辨识。仿真结果表明,使用 CPSO 算法进行本书模型参数辨识,辨识精度高,辨识结果接近实测值。

3)本书模型结构简单,使用方便,参数辨识容易,对工业园区负荷分析有一定的理论和实用价值。

第3章　虚拟同步发电机技术建模研究

3.1　虚拟同步发电机的研究背景及意义

分布式电源一般通过并网逆变器对电流进行交直流转换后送入配电网，虽然并网逆变器控制方便灵活且响应迅速，但其与传统同步发电机(Synchronous Generator，SG)一样也具有缺少惯性及阻尼等缺点，并且分布式电源输出的功率具有不确定性及波动性，当其出现电能供需不平衡或扰动时无法利用转子动能来抑制功率及频率的波动。大量的接入电网将影响电力系统动态响应以及稳定性。因此，近年来有学者在传统并网逆变器的直流侧加入储能装置，借鉴传统同步发电机特性引入下垂控制策略，并在控制回路中加入虚拟惯性这一概念，提出了虚拟同步发电机(Virtual Synchronous Generator，VSG)技术。VSG技术通过控制使并网逆变器模拟同步发电机，使其具有惯性、一次调频及一次调压的特性，以提高电网的稳定性。因此有必要在讨论分布式发电接入配电网模型之前，先建立虚拟同步发电机的模型。

3.2　虚拟同步发电机技术建模研究

3.2.1　虚拟同步发电机的数学模型

VSG的基本原理是模拟传统同步发电机的特性以实现虚拟同步发电机特性，因此VSG的数学模型借鉴了传统同步发电机数学模型，采用同步发电机二阶模型。二阶模型包含了机械模型以及电磁模型。VSG的拓扑结构图如图3.1所示。

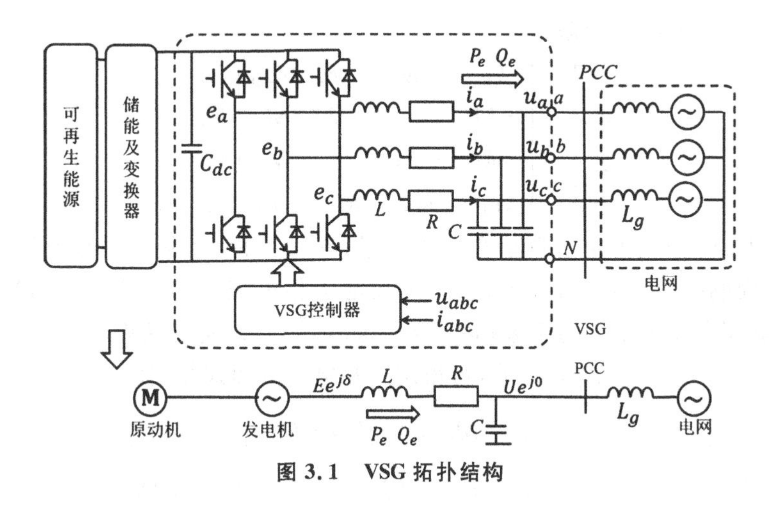

图 3.1　VSG 拓扑结构

1. VSG 的机械模型

VSG 的机械模型利用传统同步发电机的转子运动方程，以模拟 VSG 的转子惯性和阻尼特性，如式(3.1)所示：

$$\begin{cases} J\dfrac{\mathrm{d}\omega}{\mathrm{d}t}=T_{\mathrm{m}}-T_{\mathrm{e}}-T_D \\ \dfrac{\mathrm{d}\theta}{\mathrm{d}t}=\omega \end{cases} \tag{3.1}$$

式中：T_{m} 与 T_{e} 代表机械转矩与电磁转矩，其中 $T_{\mathrm{m}}=P^*/\omega$，$P^*$ 为输入有功功率；$T_D=D(\omega-\omega_{\mathrm{ref}})$，$\omega$ 与 ω_{ref} 代表机械角速度和电网额定角速度；θ、D、J 分别为相位角、阻尼系数和转动惯量。由于引入了转动惯量 J，逆变器的功率及频率在动态变化中具有惯性作用，D 的引入使得逆变器并网发电装置具有阻尼功率振荡能力。电磁转矩根据输出有功功率 P_{ref} 可以得到 $T_{\mathrm{e}}=P_{\mathrm{ref}}/\omega=e_{\mathrm{abc}}i_{\mathrm{abc}}^T/\omega$。

由于发电机转子的惯量会随发电机额定功率的变化而变化，因此需要引入转子惯量时间常数 H，如式(3.2)所示：

$$H=\frac{\frac{1}{2}J\omega_{\mathrm{ref}}^2}{P_{\mathrm{n}}} \tag{3.2}$$

式中：H 代表了 VSG 在额定功率下空载从静止启动到达额定角速度所用的时间；P_{n} 代表发电机额定频率。

2. VSG 的电磁模型

通过传统同步电机定子与转子间电气及磁链的关系建立 VSG 的定子

磁链方程，如式(3.3)所示：

$$\begin{bmatrix}\Phi_a\\\Phi_b\\\Phi_c\\\Phi_d\end{bmatrix}=\begin{bmatrix}L & -M & -M & M_{af}\\-M & L & -M & M_{bf}\\-M & -M & L & M_{ef}\\M_{af} & M_{bf} & M_{ef} & L_f\end{bmatrix}\begin{bmatrix}i_a\\i_b\\i_c\\i_f\end{bmatrix} \tag{3.3}$$

式中：L、M 分别为定子自感和定子互感；Φ_f、L_f 分别为转子磁链及转子电感；i_f 为励磁电流，$i=[i_a,i_b,i_c]^T$ 代表定子相电流；$M_f=[M_{af},M_{bf},M_{cf}]^T$ 代表转子与定子的互感系数；$\Phi=[\Phi_a,\Phi_b,\Phi_c]^T$ 代表定子磁链。

记 $M_f=[M_{af},M_{bf},M_{cf}]^T$，可得定子相电压方程式如式(3.4)所示：

$$e_{abc}=M_f i_f \omega A-R_s i-L_s\frac{di}{dt} \tag{3.4}$$

式中：$A=[\sin\theta \quad \sin(\theta-2\pi/3) \quad \sin(\theta-4\pi/3)]^T$；定子电感 $L_s=L+M$；R_s 为定子电阻。

根据上述机械及电磁方程可实现 VSG 输出频率的控制，从而调节分布式电源通过整流逆变器输出的功率及频率。通过式(3.4)再结合图 3.1 可以看出 VSG 同步电感等效于整流逆变器输出的滤波电感，VSG 电阻可等效于滤波电感电阻，三相桥臂中点的输出电压等效为同步发电机暂态内电势。

3.2.2 虚拟同步发电机控制策略

VSG 的控制结构图如图 3.2 所示[98]。其原理是通过算法控制来模拟同步发电机运行原理，并保留了部分传统整流逆变器的控制原理。

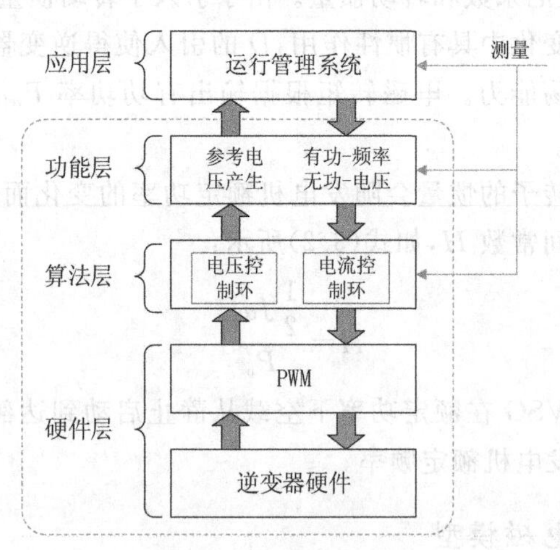

图 3.2 VSG 控制结构

由图3.2可知，控制模式主要包含了功能、算法和硬件部分。各部分之间可以交互数据信息。功能模块主要用来实现虚拟同步发电机有功与无功的调频调压功能，同时产生逆变器控制参考电压。算法模块包含了电压、电流控制环的实现算法。图3.3为VSG的具体控制原理图。

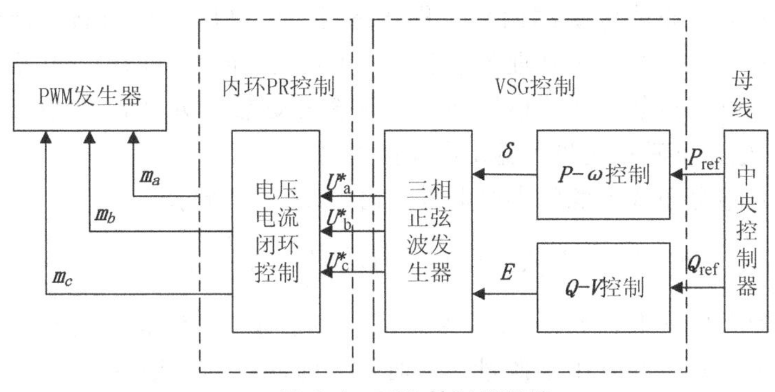

图3.3 VSG控制原理图

1.有功-频率下垂控制

在含有多种能源互补的工业园区中，分布式电源工作方式一般分为并网或独立运行模式。在独立运行模式下运行的分布式电源需要具有自主调频的能力，故加入有功-频率下垂控制，假设 P^*、P_{ref} 分别为逆变器输入、输出功率，对应图3.2中的功能模块的有功-频率下垂控制器原理如式(3.5)所示：

$$P^* - P_{ref} = \frac{1}{D_p}(\omega^* - \omega_{ref}) \tag{3.5}$$

式中：D_p 为有功下垂系数；ω^* 为参考角速度。由式(3.1)、式(3.2)、式(3.5)可得有功-频率下垂控制传递函数为：

$$\left[(\omega^* - \omega_{ref})\frac{1}{D_p} + P_{ref} - P^* - D(\omega - \omega_{ref})\right] = \frac{1}{2Hs} = \omega \tag{3.6}$$

根据式(3.6)可得到图3.4控制框图。

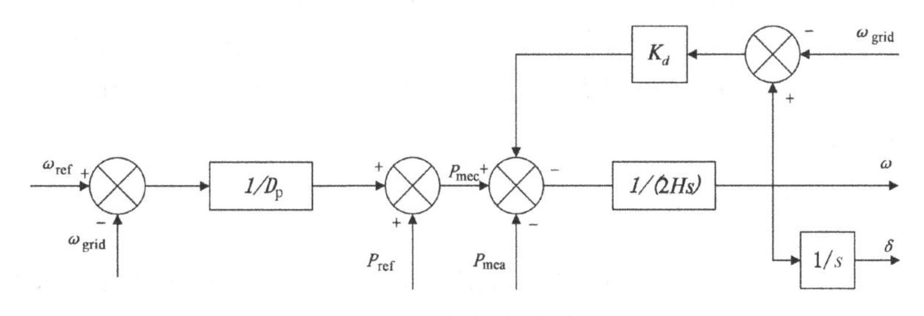

图3.4 有功-频率控制

并网模式情况下 $\omega^* = \omega_{ref}$，该控制器退出工作。由 $D(\omega - \omega_{ref})$ 调节分

布式电源出力频率与电网频率一致。独立运行情况下，$D(\omega-\omega_{ref})$模块退出工作，此时的动态频率由上述下垂控制模块进行调节。

2. 无功-电压下垂控制

根据前述分布式电源的两种工作状态，无功-电压下垂控制的理想结果也不一样。并网状态时其理想结果为分布式电源向大电网输送功率为一个定值。独立运行状态下则根据动态负载输出动态无功功率，理想结果为通过无功-电压下垂控制进行输出电压的控制。

本章构造分布式电源的参照电压公式如式(3.7)所示：

$$E=E_{set}-D_q Q^*+(Q_{ref}-Q^*)\left(k_{p1}+\frac{k_{i1}}{s}\right)\frac{1}{T_a s} \tag{3.7}$$

式中：D_q 为无功下垂系数；k_{p1}、k_{i1} 为比例积分系数；E_g 代表控制器输出电压；E_{set}为分布式电源电压参照量。同时引入时间延迟系数 T_a。上式对应的无功-电压下垂控制如图 3.5 所示。

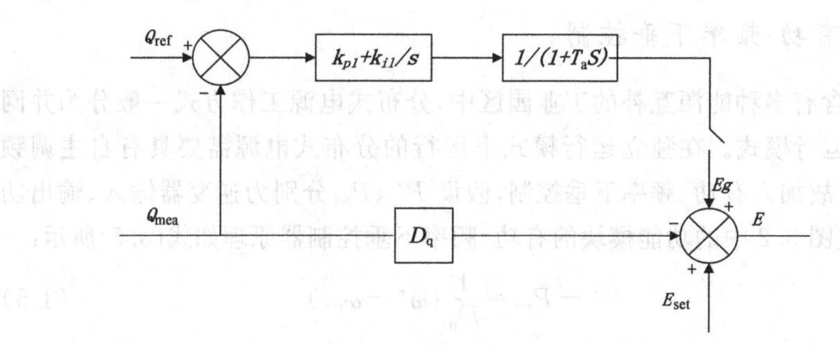

图 3.5　无功-电压下垂控制

图 3.5 中，$k_{p1}+k_{i1}/s$ 环节可以用来调节并网情况下无功功率输出。同时为了模拟实际同步发电机无功变化情况，需要引入系数 T_a，该系数可以延迟控制器的无功功率变化，与实际同步发电机一样，无功到达新的稳态状态前有一个过渡过程，以减小突发无功变化对系统的影响。

当分布式电源运行处于独立运行状态时，无功功率控制器应当退出工作，此时 $E_g=0$，因此可改变 E_{set} 值来控制无功-电压下垂控制器确保逆变器输出稳定电压。

3. 内环电流及电压控制

根据图 3.1 及图 3.3，在忽略内阻情况下得到三相逆变电源的数学模型[99]如式(3.8)所示：

$$\begin{cases} L\dfrac{\mathrm{d}i_{\mathrm{fa}}}{\mathrm{d}t}=\dfrac{1}{2}m_0\cos(\omega t-\theta)U_{\mathrm{dc}}-U_{\mathrm{an}} \\ L\dfrac{\mathrm{d}i_{\mathrm{fb}}}{\mathrm{d}t}=\dfrac{1}{2}m_0\cos\left(\omega t-\theta-\dfrac{2}{3}\pi\right)U_{\mathrm{dc}}-U_{\mathrm{bn}} \\ L\dfrac{\mathrm{d}i_{\mathrm{fc}}}{\mathrm{d}t}=\dfrac{1}{2}m_0\cos\left(\omega t-\theta-\dfrac{4}{3}\pi\right)U_{\mathrm{dc}}-U_{\mathrm{cn}} \end{cases} \tag{3.8}$$

式中：m_0 表示调制比。将其等效为式(3.9)：

$$L\frac{\mathrm{d}I_{\mathrm{f}}}{\mathrm{d}t}=\frac{1}{2}mU_{\mathrm{dc}}-U_{\mathrm{c}} \tag{3.9}$$

式中：m 代表调制信号，$m=m_0\cos(\omega t-\theta)$；$U_{\mathrm{c}}$ 为电容电压。

根据图 3.1 中的拓扑结构关系可得式(3.10)的关系：

$$C\frac{\mathrm{d}U_{\mathrm{c}}}{\mathrm{d}t}=I_{\mathrm{f}}-I_{\mathrm{g}} \tag{3.10}$$

本书在电压控制的部分采用的控制器 PR 模型的传递函数[29]如式(3.11)所示：

$$G(s)=k_{\mathrm{p2}}+\frac{2k_{\mathrm{r}}\omega_{\mathrm{c}}s}{s^2+2\omega_{\mathrm{c}}s+\omega_0^2} \tag{3.11}$$

式中，k_{p2}、k_{r}、ω_{c} 均代表控制参数，$\omega_0=314\mathrm{rad/s}$。

该传递函数具有较好的跟踪控制能力，采用该传递函数可以满足内环电流及电压控制对上级传递参数的及时精确跟踪以及响应。根据式(3.11)我们可以得到该传递函数的控制框图如图 3.6 所示。

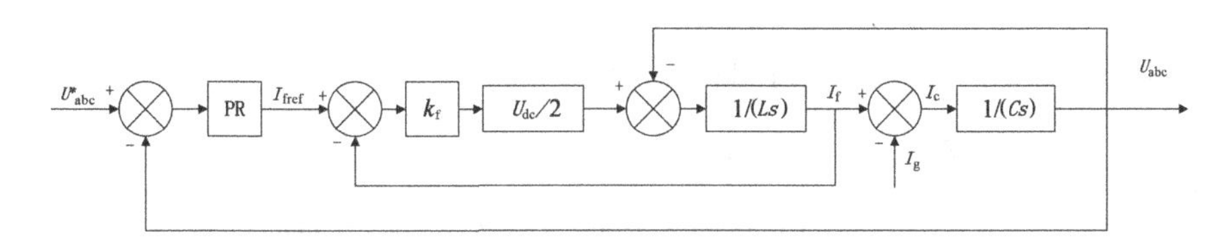

图 3.6 内环电流控制

3.2.3 蓄电池部分的控制

蓄电池的增加可用于 VSG 对传统同步发电机的惯性特性模拟。因为传统风电机具有转子动能过小、不可控等因素，而光伏等分布式发电不具备储存电能的特性，因此这些分布式电源特性无法被用于 VSG 的惯性模拟。因此非常有必要在 VSG 的模型中并入蓄电池系统，本小节讨论模型中对蓄电池部分的控制策略。

蓄电池容量的优化控制与上述下垂控制器中的参数 H 及参数 D 具有

紧密的关系。因多种蓄电池之间具有的能量、功率等密度不尽相同，其反应的时间也不一样，所以蓄电池部分的控制对于 VSG 的良好运行具有重要的作用。

将式(3.1)写为(3.12)标幺值形式：

$$J^{*}\frac{\mathrm{d}\omega^{*}}{\mathrm{d}t^{*}}=T_{\mathrm{m}}^{*}-T_{\mathrm{e}}^{*}-T_{\mathrm{D}}^{*} \tag{3.12}$$

根据式(3.2)定义 $H=J^{*}t_{\mathrm{B}}$，t_{B} 表示时间基准量，再定义角速度基准量 ω_{B}，则式(3.12)可写为式(3.13)形式：

$$J^{*}\frac{\mathrm{d}\left(\frac{\omega}{\omega_{\mathrm{B}}}\right)}{\mathrm{d}\left(\frac{t}{t_{\mathrm{B}}}\right)}=\frac{H}{\omega_{\mathrm{B}}}\frac{\mathrm{d}\omega}{\mathrm{d}t}=T_{\mathrm{m}}^{*}-T_{\mathrm{e}}^{*}-T_{\mathrm{D}}^{*} \tag{3.13}$$

假设同步电机有 p 对极，则有关系如式(3.14)所示：

$$\begin{cases}\omega'=p\omega\\ \omega'_{\mathrm{B}}=\omega_{\mathrm{ref}}=p\omega_{\mathrm{B}}\end{cases} \tag{3.14}$$

式中，$\omega_{\mathrm{ref}}=2\pi f_{0}$，为电网同步角频率。

假设 $p=1$，同时满足条件 $P_{\mathrm{m}}^{*}=T_{\mathrm{m}}^{*}\omega^{*}$，$P_{\mathrm{ref}}^{*}=T_{\mathrm{e}}^{*}\omega^{*}$，$P_{\mathrm{D}}^{*}=T_{\mathrm{D}}\omega^{*}$，$\omega$ 取值为 1。可将式(3.13)写为式(3.15)形式：

$$\frac{H}{\frac{\omega_{\mathrm{ref}}}{p}}\frac{\mathrm{d}\left(\frac{\omega'}{p}\right)}{\mathrm{d}t}=\frac{H}{\omega_{\mathrm{ref}}}\frac{\mathrm{d}\omega}{\mathrm{d}t}=P_{\mathrm{m}}^{*}-P_{\mathrm{ref}}^{*}-P_{\mathrm{D}}^{*} \tag{3.15}$$

式中，$\omega_{\mathrm{r}}=(\omega'-\omega_{\mathrm{ref}})/\omega_{\mathrm{ref}}$，得到式(3.16)：

$$\begin{cases}\dot{\delta}=\omega'-\omega_{\mathrm{ref}}=\omega_{\mathrm{ref}}\omega_{\mathrm{r}}\\ H\dot{\omega}=\omega_{\mathrm{ref}}(P_{\mathrm{m}}^{*}-P_{\mathrm{ref}}^{*}-P_{D}^{*})=P_{\mathrm{m}}^{*}-P_{\mathrm{ref}}^{*}-D\omega_{\mathrm{r}}\end{cases} \tag{3.16}$$

式中，δ 代表虚拟同步电机的功率角。

由图 3.1 拓扑关系我们可以得到 VSG 输出的有功及无功功率如式(3.17)所示：

$$\begin{cases}P_{\mathrm{ref}}=\frac{1}{Z}[EU\cos(\alpha-\delta)-U^{2}\cos\alpha]\\ Q_{\mathrm{ref}}=\frac{1}{Z}[EU\sin(\alpha-\delta)-U^{2}\sin\alpha]\end{cases} \tag{3.17}$$

式中，VSG 三相桥臂滤感阻抗值 Z 及阻抗角 α 满足式(3.18)的关系：

$$\begin{cases}Z=\sqrt{(\omega'L)^{2}+R^{2}}\\ \alpha=\tan^{-1}\left(\frac{\omega'L}{R}\right)\end{cases} \tag{3.18}$$

根据式(3.16)得到 VSG 的小信号模型如式(3.19)～(3.20)所示：

$$\begin{bmatrix}\Delta\dot{\delta}\\ \Delta\dot{\omega}\end{bmatrix}=\begin{bmatrix}0 & \omega_{\mathrm{ref}}\\ -\dfrac{S_{\mathrm{E}}}{H} & -\dfrac{D}{H}\end{bmatrix}\begin{bmatrix}\Delta\delta\\ \Delta\omega_{\mathrm{r}}\end{bmatrix} \tag{3.19}$$

$$S_{\mathrm{E}}=\frac{\partial P_{\mathrm{ref}}}{\partial\delta}\Big|_{\frac{\delta-\delta_{\mathrm{s}}}{E-E_{\mathrm{s}}}}=\frac{E_{\mathrm{s}}U}{ZS_{\mathrm{n}}}\sin(\delta-\alpha) \tag{3.20}$$

式(3.19)～式(3.20)中，S_{E} 表示同步功率；$\Delta\delta=\delta-\delta_{\mathrm{s}}$ 表示功率角偏差量；$\Delta\omega_{\mathrm{r}}=\omega_{\mathrm{r}}$ 代表了角速度的偏差量；E_{S} 表示当虚拟同步电机的电势稳定值。

根据式(3.16)得到虚拟同步发电机的功率传递模型如式(3.21)所示：

$$G_1(s)=\frac{P_{\mathrm{ref}}^{*}(s)}{P_{\mathrm{m}}^{*}(s)}=\frac{\omega_{\mathrm{ref}}S_{\mathrm{E}}}{Hs^2+Ds+\omega_{\mathrm{ref}}S_{\mathrm{E}}} \tag{3.21}$$

式(3.21)对应的传递函数如图 3.7 所示。

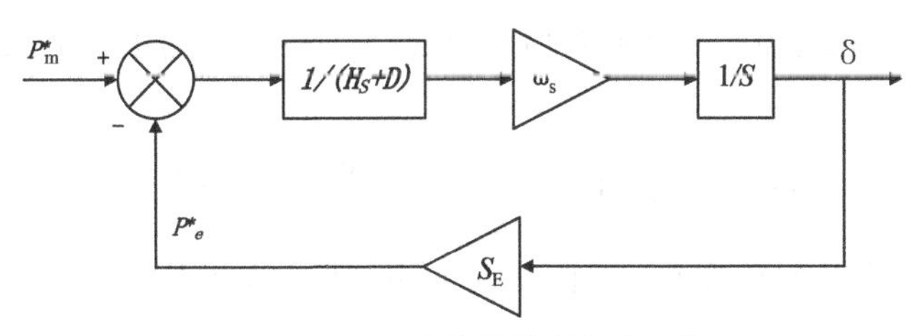

图 3.7　VSG 小信号模型传递函数

通过虚拟同步电机的角频率与阻尼比值可以将将式(3.21)描述为经典二阶传递函数模型。虚拟同步电机角频率及阻尼比值分别为式(3.22)所述：

$$\begin{cases}\omega_{\mathrm{n}}=\sqrt{\dfrac{\omega_{\mathrm{ref}}S_{\mathrm{E}}}{H}}\\ \xi=0.5D\sqrt{\dfrac{1}{\omega_{\mathrm{ref}}S_{\mathrm{E}}H}}\end{cases} \tag{3.22}$$

由式(3.21)改写后的经典二阶传递函数模型如式(3.23)所示：

$$G(s)=\frac{\omega_{\mathrm{n}}^2}{s^2+2\xi\omega_{\mathrm{n}}s+\omega_{\mathrm{n}}^2} \tag{3.23}$$

则分布式电源出力阶跃为 $\Delta P_{\mathrm{m}}^{*}$ 时有：

$$\Delta P_{\mathrm{ref}}^{*}=G(s)P_{\mathrm{m}}^{*}=\frac{\omega_{\mathrm{n}}^2}{s^2+2\xi\omega_{\mathrm{n}}s+\omega_{\mathrm{n}}^2}\frac{\Delta P_{\mathrm{m}}^{*}}{s} \tag{3.24}$$

式中，$\Delta P_{\mathrm{m}}^{*}$ 代表阶跃扰动幅值。

根据阻尼比 ξ 的不同情况，式(3.24)具有 3 种情况，但我们不考虑 $\xi<0$ 的情况，因为这种情况下的系统不稳定，故不在考虑范围，其次也不考虑 $\xi=0$ 的情况，该情况下会出现功率 P_{ref}^{*} 等幅震荡，实际情况会得到抑制，因此也不在考虑范围内。下面我们在此讨论 $\xi>1$ 的情况。

求解式(3.24)我们可以得到两个根：

$$p_{1,2}=(\xi\pm\sqrt{\xi^2-1})\omega_{\mathrm{n}} \tag{3.25}$$

变形式(3.21)，将其表示为两个一阶系统，设 $T_1=1/p_1$，$T_2=1/p_2$，则有：

$$G_1(s)=\frac{1}{(T_1s+1)(T_2s+1)} \tag{3.26}$$

若 ξ 远大于 1，这种情况下可以忽略极点 p_2，则式(3.26)可以写为：

$$G_1(s)\approx\frac{1}{T_1s+1} \tag{3.27}$$

通常情况下在经过时间 aT_1 后动态阶跃可达到稳定状态下的 95%～98%，其中 a 的取值为 3～4，则蓄电池相应时间可以表示为：

$$t_{\mathrm{s}}\approx aT_1=\frac{a\left(\xi+\sqrt{\xi^2-1}\right)}{\omega_{\mathrm{n}}}\approx\frac{2a\xi}{\omega_{\mathrm{n}}} \tag{3.28}$$

同时可得感应电动机的阶跃功率为 ΔP_{m}^* 时的动态输出功率，如式(3.29)所示：

$$\Delta P_{\mathrm{ref}}^*=\Delta P_{\mathrm{m}}^*\left[1-\frac{\omega_{\mathrm{n}}}{2\sqrt{\xi^2-1}}\left(\frac{\mathrm{e}^{-p_1t}}{p_1}-\frac{\mathrm{e}^{-p_2t}}{p_2}\right)\right] \tag{3.29}$$

过阻尼情况下感应电动机的阶跃功率 ΔP_{m}^* 的动态输出功率曲线如图 3.8 所示。

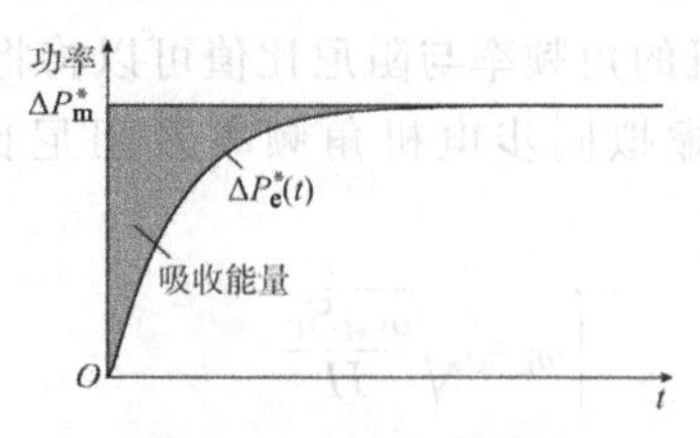

图 3.8 VSG 阶跃响应

图 3.8 所示图中的阴影部分面积代表了蓄电池需要吸收的能量，因此其吸收能量时间变化的关系式如式(3.30)所示：

$$E(t)=\int_0^t(\Delta P_{\mathrm{m}}^*-\Delta P_{\mathrm{ref}}^*(\tau))\mathrm{d}\tau=$$

$$\frac{\omega_{\mathrm{n}}\Delta P_{\mathrm{m}}^*}{2\sqrt{\xi^2-1}}\left[\left(-\frac{\mathrm{e}^{-p_1t}}{p_1^2}+\frac{\mathrm{e}^{-p_2t}}{p_2^2}\right)+\left(\frac{1}{p_1^2}-\frac{1}{p_2^2}\right)\right] \tag{3.30}$$

当 $t\to\infty$ 时，蓄电池吸收总能量，即图 3.8 中的阴影部分面积，可表示为式(3.31)所示：

$$E(\infty)=\frac{\omega_{\mathrm{n}}\Delta P_{\mathrm{m}}^*}{2\sqrt{\xi^2-1}}\left(\frac{1}{p_1^2}-\frac{1}{p_2^2}\right)=\frac{2\xi}{\omega_{\mathrm{n}}}\Delta P_{\mathrm{m}}^* \tag{3.31}$$

这便是需要配置用于有功功率干扰的能量存储单元的最小能量 ΔP_{m}^* 的值。

针对式(3.30),对时间 t 求导,令其为 0,则有:

$$\frac{\mathrm{d}P_{\mathrm{s}}(t)}{\mathrm{d}t}=\frac{\omega_{\mathrm{n}}\Delta P_{\mathrm{m}}^{*}}{2\sqrt{\xi^{2}-1}}(\mathrm{e}^{-p_{2}t}-\mathrm{e}^{-p_{1}t})=0 \tag{3.32}$$

因此,当取 $t=0$ 时,$P_{\mathrm{s}}(t)$ 可以取得最大值:

$$P_{\mathrm{smax}}=P_{\mathrm{s}}(0)=\frac{\omega_{\mathrm{n}}(p_{2}-p_{1})}{2p_{1}p_{2}\sqrt{\xi^{2}-1}}\Delta P_{\mathrm{m}}^{*}=\Delta P_{\mathrm{m}}^{*} \tag{3.33}$$

由此可知当蓄电池在阶跃响应的初始阶段向虚拟同步电机输入的功率最大值为 P_{smax},即为蓄电池最小出力功率。

3.3　系统仿真

搭建如图 3.9 所示的仿真模型。

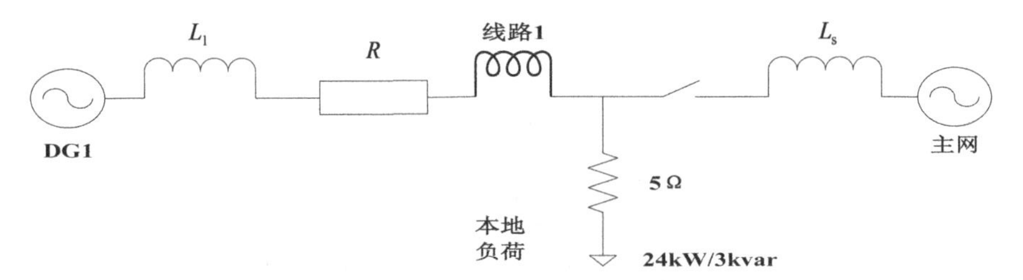

图 3.9　虚拟同步发电机仿真模型

图中 DG1 代表的储能单元并网发电系统,利用虚拟同步发电机控制进行并网,参数设置见表 3.1。

表 3.1　参数设置

参数	值	参数	值
L/mH	2	ω_0/(rad/s)	314
R/Ω	0.3	D_{P}	10
E_0/V	311	H	0.5
U_{set}/V	381	k_{q}	7×10^{-3}
U_{ref}/V	381	K_{u}	3.5×10^{-2}
f_0/Hz	50	k_{f}	0.08

DG1 初始有功及无功功率分别是 0W 和 2kvar,设置 0.04s 时有功阶跃由 0W～8kW。起初设置仅 DG1 运行,未并网,当 2.5s 时与大电网并网运行。虚拟同步发电机的输出功率及电势、角频率如图 3.10 所示。

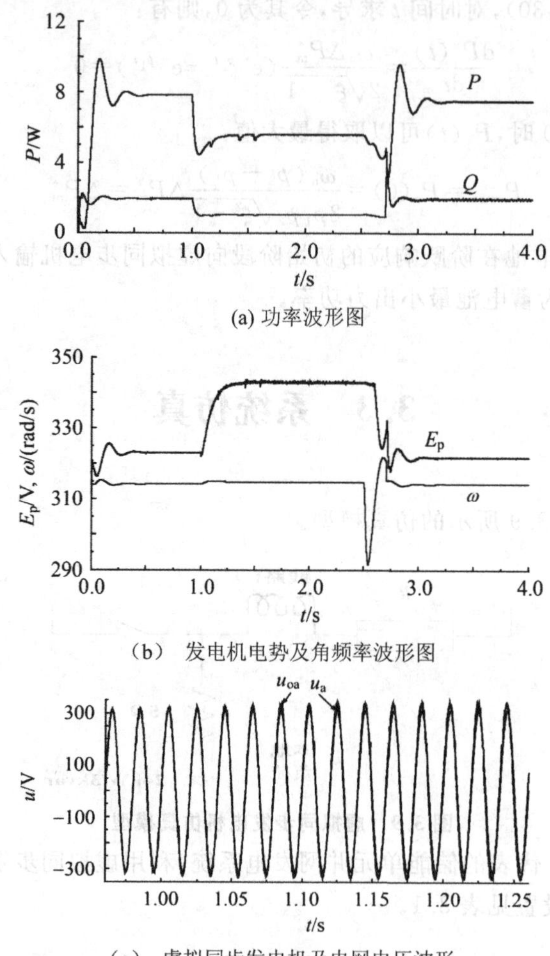

(a) 功率波形图

（b） 发电机电势及角频率波形图

（c） 虚拟同步发电机及电网电压波形

图 3.10 虚拟同步发电机仿真图

3.4 仿真结果分析

由上图可知，搭建的并网逆变器模型对指令功率具有良好的追踪效果，且在分布式发电单独运行模式下能自动调节功率以满足本地负荷的要求，在 1s 时刻切换分布式单独运行及 2.5s 时刻并网运行，电压及频率都能较快恢复稳定水平。由电势曲线可以发现，当逆变器需要输出无功功率时，由于前面所提无功调节控制的作用，使得虚拟的发电机电势高于其空载电势 E_0，处于离网运行时需要提供更多的无功功率以满足本地负荷，故发电机电势进一步被抬高到一个更高的水平。发电机电势在响应各种动态的过程中都存在明显的惯性，使得并网逆变器的运行更加稳定和可靠。同时，由图3.10(c)也可看到虚拟同步发电机与电网的电压波形趋于一致。

第4章 含多种分布式电源的配电网综合负荷建模

4.1 研究背景及意义

与集中式发电的方式相比,分布式发电技术的优点是造价低、效率高、无污染、发电方式多样化。这种发电方式可以与传统方式相组合,能够让电网安全、平稳、高效地运行,是组建智能电网有力的技术支持。分布式发电有多种分类方式,其中依据所使用能源是否可再生可以分为两种类型:一种是利用可再生能源发电,使用的能源主要有风力、太阳能、水力、生物能、地热能等。另外一种是利用不可再生的能源进行发电,主要的能源有煤炭、天然气、可燃冰等各种燃料。由于分布式电源的装机容量一般都比较小,可以向近距离的用户输送电力,通产情况下采用分散的方式接到中低压配电网中,是配电网中的一部分。但是当分布式电源在电网中的渗透率逐步增加时,会将配电网的结构从放射型转变为多点型,潮流分布和流向都将发生改变,这种变化会对配电网产生不利的影响。评估分布式电源对配电网综合负荷特性的影响,并搭建相应的模型,对于分布式发电及配电网的安全运行具有重要意义。若要对含分布式电源的配电网综合负荷进行建模首先需要分布式电源的具体的数字仿真模型,并对其动态性能进行分析。当前,国外及国内的许多科研工作者由于自身项目的需要,搭建了不用的分布式电源数字模型。文献[100]搭建了一种能够运用在并网和孤网这两种状态下的微型燃气轮机发电系统模型,重点关注了对于电网负荷变化的跟踪监测效率。文献[101]利用一款名为 RTDS 的实时数字仿真系统,构建了双馈式风力发电系统及变流器装置的数模混合仿真方案;文献[102]研究了风力发电机的静态性能,组建了微型风力发电系统。文献[103]中作者综合考虑了浓差极化电压、欧姆电压损失及活性极化电压等因素,并研究了 SOFC 的电压与电流之间的数学模型,然后设计了 SOFC 的集中模型。文献[104]搭建了能够运用以燃料作为动力的汽车的燃料电池的发电系统的数学模型;文献[105]构建了适合非对称发电网络的动态和准静态分析的太阳能电池模型。上述文献的主要研究方向为分布式电源的各种特性及控制方法,而电力系统仿真计算是一种特殊的仿真,这种仿真需要一种不仅能适用于分布式发电系统还能适用于外特性的更为高效便捷的数学模型。本文在对上述分布式电源研究的基础上,学习国内外其他研究工作者的成果,以Matlab/Simulink 作为系统仿真平台,搭建了经典的分布式电源的数字仿真模型,并对分布式电源在电力系统中的暂态性能及动态性能进行分析,提出了几种分布式电源的综合等效数学模型,将其与第 2 章模型并网仿真,等效为消耗为正或为负的负荷。

4.2　风力发电

4.2.1　发展现状

随着全球人口数量的不断增加和城市化的快速发展,能源危机越来越明显,同时全球的环境也在急速恶化,开发新的无污染的清洁能源对各国来说都是非常重要的。在各种清洁能源中,风力发电是技术比较成熟、规模大和应用前景广泛的一种发电方式。风力发电对于目前的环境污染及能源短缺的现状能够起到一定的缓解作用,风力发电有比较高的研究价值。世界范围内,风力发电是 20 世纪在美国的加利福尼亚州兴起的。1978 年,美国颁布了一项名为“公共事业管理法”的法案,该法案引起了巨大的轰动,它减弱了传统的集中化的发电方式,可以使更多的微小企业进入发电行业,同时给予微小企业接入大型电网的机会,所以在当时风力发电非常繁荣。但是,随着时间的推移,大量的劣质发电设备及杂乱无章的政府财政计划给风力发电行业带来了极大的困扰。虽然风力发电技术走了不少的弯路,但是在这个过程中风力发电技术还是得到了飞速的发展。

同样的,在 21 世纪初期,德国政府由于国内的 CO_2 排放总量严重超标及燃料紧缺,颁布了名为“可再生能源法”(Renewable Energy Sources Act, RESA)的法律,该法律促使了风电行业的蓬勃发展,甚至超越了美国,成为风力发电第一大国。德国在运用风力进行发电的过程中,扮演重要角色的是当地的居民。该发展模式为:首先由风电项目发起人在当地组建一个公司,然后邀请当地的住户加入投资,这就形成了一个有本地居民加入、管理的有限责任公司,推动了风电的发展。

其他国家也对风力发电技术进行了研究，如丹麦主要研究的方向是风力发电设备，并取得了重大突破，该国研发的风电设备几乎占据了全世界风轮机市场的一半，是丹麦经济发展的重要支撑，是风电行业的典范；在西班牙，全国的风力发电设备的装机容量也已经达到了15145MW，几乎与美国持平；印度的装机容量也达到了8000MW，在发展中国家名列前茅。

我国的风力发电起始于20世纪70年代，当时的主要目的是为了能够为电网未覆盖的地区供电，如沿海的一些孤岛和西北地区的牧场。最近几年，国家政策也开始向风电行业倾斜，致使我国的风电行业进入了一个高速发展的阶段。经过一段时间的发展之后，我国已经成为了世界上风电规模最大，增长速度最快的国家之一。

经过这么多年的发展之后，风力发电的趋势已经不再是追求大容量了，而是朝着高精尖设备及低速风机方面发展，这也是风机设备商家的一个重大机遇。我国的一些风力发电设备生产厂家已经研发了1.5～3MW的低速风电机组，这款设备能在风速较低时发电，并且能保持较高的电力输出。按照美国一些研究机构发布的数据可知，发展低速风机可以大大提高风力发电技术，而低速风机的发展必然会导致更多的分布式发电设施接入电网，因此必须对包含风力发电的工业园区配电网建模。

本节主要做的研究为，在第2章、第3章的基础上，分析了风力发电机的原理，通过合理的比较选择，搭建了适用于接入工业园区配电网的风力发电模型，通过使用Matlab进行模型仿真，通过设置三相短路，辨识获得模型的初始参数样本。同时分析了工业园区情况下风力发电的负荷出力水平，并对该种出力水平下的模型进行仿真对比，通过拟合曲线验证了模型的有效性。

4.2.2 风力发电系统分类

风能是不断变化的，无法储存，因此风力发电机组的运行必须适应风的特点。根据风力发电机组的运行特点和控制方式，将风力发电系统分为恒速恒频风力发电系统和变速恒频风力发电系统。

1)恒速恒频(Constant Speed Constant Frequency，CSCF)风电系统。恒速恒频风电系统风力机转速不变，而风速经常变化，风能利用系数通常偏离最大值，风力机效率低。根据风机的类型常分为定桨距和变桨距两种类型。定桨距结构由于其结构简单可靠、维护成本低等特点于风电发展初期得到了大量的采用，现阶段则逐渐被淘汰。其结构主要由一个定桨距风机、鼠笼式感应发电机和并联电容器构成，直接上网运行，缺点在于无法调整出力，风速过大时机械损耗往往也比较大。变桨距与定桨距结构相似，直接上网运行，不同之处在于变桨距风机可通过调节叶片的角度，保证风机在风速过高时也能将出力维持于一个额定值，减小了风机的机械损耗。有时，为了限制变速运行的有限范围，在感应发电机转子绕组中加入可控电阻，可调节控制风扇的转速，但其成本也较高。

2)变速恒频(Variable Speed Constant Frequency，VSCF)风力发电系统。该系统风力涡轮机的速度是可变的，风机根据风速的变化而变化速度，它可以实现风能的最大捕获。与恒速恒频风力发电系统相比，运行速度范围宽，系统有功和无功功率调整灵活。变速恒频发电系统得益于大型成熟的电力电子技术的发展及应用，具有多种组合的方法，最常用的是双馈感应发电机的变桨距风机，直接驱动同步发电机两方案变距风扇，双馈感应发电机采用脉宽调制技术，变桨距、转子采用绕线式绕组，通过变频器与电网相连，定子绕组连接到电网的电气部分。当风速小时，转子绕组可以由电网然吸收功率后通过定子绕组返回电网以保持机械转矩和发电机的电磁转矩之间的平衡；当风力充足，电力的一部分直接通过转子绕组并入电网，而另一部分用于维护机械转矩和发电机的电磁转矩之间的平衡。这种类型的风力发电机当风速变化范围较大时，电力系统的频繁变换会使电力系统的稳定性恶化，对电网造成一定的影响。第二种将变桨风机与直驱同步发电机相匹配的方式并不直接连接到大型电网上，而是通过电力变换器连接到电网上，这样可以防止电力传输到大电网造成的冲击。缺点变频器的造价昂贵。

通过以上的分析，结合实际情况，考虑到工业园区配电网的分布式发电将普遍采用规模较小、风电机组容量较小的风力发电机组，并考虑发电成本，运行和维护成本，采用定桨距结构加上鼠笼式感应电机的配置较为合理。因此我们主要研究面向定桨距鼠笼式感应电动机风力发电。风力发电定桨距鼠笼式异步感应发电机的结构图如图4.1所示。

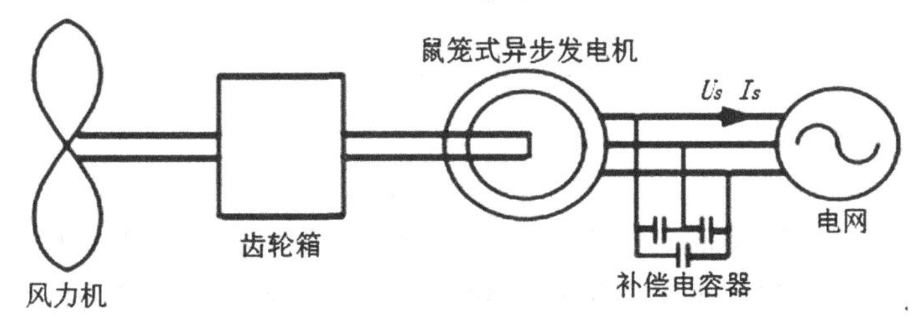

图4.1　定桨距鼠笼式异步发电机风力发电结构图

由图4.1可以看到其主要结构由定桨距的扇叶、齿轮箱、鼠笼式异步发电机以及一个补偿电容器构成。该结构的特点是发电机定子绕组频率与电网频率相同，正常情况下为负数，绝对值一般为0.02～0.05，因为其波动范围很小，该模型也被称为“恒速”模型。

4.2.3 风力发电模型

要建立风力发电模型，根据实际情况，首先需要假定风速情况，本文中研究的是广义情况下的模型，因此我们在此假设一定时间段内风速是恒定不变的，因此研究中的风力机出力恒定。

1.风力发电机模型

由文献[106－107]我们可以得知风力机获得的能量与风的速度成立方比的关系，除此之外，还跟风机结构、叶片的旋转速度以及当地的空气密度等有关系。因此用式(4.1)来描述这种关系：

$$P_w=\frac{1}{2}\rho c_P(\lambda,\beta)A_R v_w^3 \tag{4.1}$$

其中

$$c_p(\lambda,\beta)=0.22\left(\frac{116}{\lambda_i}-0.4\beta-5.0\right)e^{\frac{-12.5}{\lambda_i}}$$

$$\lambda_i=\frac{1}{\frac{1}{\lambda+0.08\beta}-\frac{0.035}{1+\beta^3}}$$

式中：P_w 为被风机利用的风能；ρ 为空气的密度；c_p 及 v_w 分别为了风力机风能的转换效率系数及风速；A_R 为风轮的有效面积；λ 为风扇叶顶端的速度比；β 为叶片之间角度。

2.风力发电齿轮部分模型

当风力机捕捉到风速后，需要传动部分来传递能量，这部分机械传动，我们可以用一个一阶惯性模型来描述，见式(4.2)：

$$\frac{dT_m}{dt}=\frac{1}{T_d}(T_w-T_m) \tag{4.2}$$

其中

$$T_w=P_w/\omega_w$$

式中：T_d 代表了机械传动轴的时间常数；T_m 代表异步发电机转子轴上的机械转矩；T_w 表示风机末轴的机械扭矩，即风力机捕捉到的输出转矩；ω_w 代表风机转子转速。

3.风力发电机的模型

风力发电机模型采用感应异步电动机模型，因为异步电动机存在两种运行状态，即：当转差率 $s>0$ 时，此时的异步电机工作在电动机状态下，此时消耗功率；当转差率 $s<0$ 时，此时的异步电机工作在发电状态下，即发出功率。因此数学模型可以采用三阶暂态微分方程模型，如式(4.3)、式(4.4)所示。

$$\frac{\mathrm{d}E'_{\mathrm{d}}}{\mathrm{d}t}=-\frac{1}{T'}[E'_{\mathrm{d}}+(X-X')I_{\mathrm{q}}]-(\omega-1)E'_{\mathrm{q}}$$

$$\frac{\mathrm{d}E'_{\mathrm{d}}}{\mathrm{d}t}=-\frac{1}{T'}[E'_{\mathrm{q}}+(X-X')I_{\mathrm{d}}]-(\omega-1)E'_{\mathrm{d}}$$

$$\frac{\mathrm{d}\omega}{\mathrm{d}t}=-\frac{1}{2H}[(A\omega^2+B\omega+C)T_0-(E'_{\mathrm{d}}I_{\mathrm{d}}+E'_{\mathrm{q}}I_{\mathrm{q}})] \tag{4.3}$$

$$I_{\mathrm{d}}=\frac{1}{R_{\mathrm{s}}^2+X'^2}[R_{\mathrm{s}}(U_{\mathrm{d}}-E'_{\mathrm{q}}d)+X'(U_{\mathrm{q}}-E'_{\mathrm{q}})]$$

$$I_{\mathrm{q}}=\frac{1}{R_{\mathrm{s}}^2+X'^2}[R_{\mathrm{s}}(U_{\mathrm{q}}-E'_{\mathrm{q}})+X'(U_{\mathrm{d}}-E'_{\mathrm{d}})] \tag{4.4}$$

其中

$$T'=(X_{\mathrm{r}}+X_{\mathrm{m}})/R_r$$

$$X=X_{\mathrm{s}}+X_{\mathrm{m}}$$

$$X'=X_{\mathrm{s}}+X_{\mathrm{m}}X_{\mathrm{r}}/(X_{\mathrm{m}}+X_{\mathrm{r}})$$

$$A+B+C=1$$

式中：X_{s} 为定子绕组漏抗；R_{r} 是转子电阻；X' 为定子和转子暂态电抗；E_{d}' 和 E_{q}' 分别为感应电动机暂态电势 d 轴及 q 轴的分量；C 代表恒定转矩系数；ω 为感应电动机同步角速度；R_{s} 为定子电阻。

4.仿真模型的搭建及仿真

利用 Matlab/Simulink 搭建如图 4.2 所示的仿真系统模型。由图可知 WG 为风力发电机组，IM 为感应电动机，另外并联导纳负荷模型 SL。G1 则代表大电网系统，测量 B2 处数据可获得仿真数据。同时在图中 IM 出口处设置无功补偿设备以提高功率因数，WG 并网前接入虚拟同步发电机。在 110kV 母线 B2 处设置三相短路故障，故障时间 0.2s，压降设置为 10%～20%，进行仿真获得 B1 处的数据作为负荷建模参数辨识的初始数据。然后进行动态参数辨识，辨识结果满足要求后与原始数据进行残差对比分析模型结果。拟合公式见式(4.5)：

$$E_{\mathrm{r}}=\frac{\sum_{k=1}^{N}\sqrt{(P_{\mathrm{S}k}-P_{\mathrm{I}k})^2+(Q_{\mathrm{S}k}-Q_{\mathrm{I}k})^2}}{N} \tag{4.5}$$

式中，N 代表数据量；k 为数据采样点；$P_{\mathrm{S}k}$ 代表系统实测有功功率；$Q_{\mathrm{S}k}$ 代表系统实测无功功率；P_{1k}及Q_{1k}则代表了模型响应的有功及无功功率。仿真参数设置见表4.1。

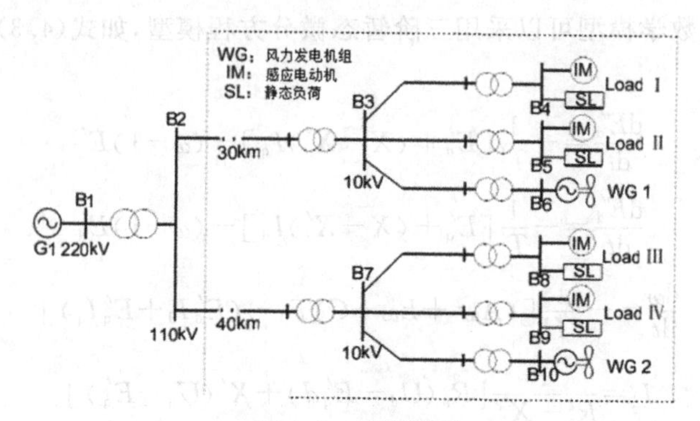

图4.2 仿真模型

Load Ⅰ—大型工业电机、中央空调等　　Load Ⅲ—居民生活用电

Load Ⅱ—商业空调、电冰箱等　　Load Ⅳ—小型工业电机、市内空调等

表4.1 仿真参数设置

单位：MW

参数	P_{WG1}	P_{WG2}	P_{motor1}	P_{motor2}	P_{motor3}	P_{motor4}	$P_{static1}$
	9	9	2	2	1	3	0
$P_{static2}$	$P_{static3}$	$P_{static4}$	$P_{generator}$	P_{motor}	$P_{stactic}$	$P_{dynamic}$	P_0
2	3	1	18	8	6	−10	−4

实际情况中一般有三种负荷水平，一种是风力发电机出力不足以供给感应电动机综合负荷需要吸收的功率。第二种情况是风力发电机的出力满足感应电动机综合负荷吸收功率但不满系统总吸收功率。第三种情况则是风力发电完全满足系统总负荷吸收功率。考虑到工业园区负荷状态以及工业园区风力作为辅助发电的实际情况，我们在此只讨论第一种情况。此时的感应电动机运行状态为电动机状态，参数辨识结果如图4.3及表4.2所示。

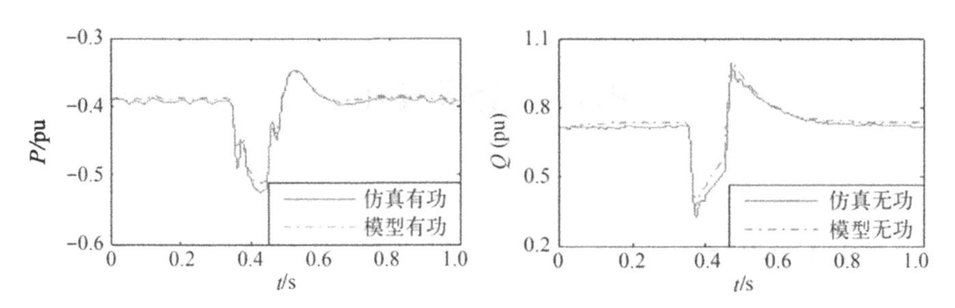

图 4.3　有功及无功拟合曲线

表 4.2　第一种情况下参数表示结果

压降	R_s	X_s	X_m	R_r	X_r	H	G
10%	0.0010	0.4993	5.3000	0.0278	0.0398	0.7719	0.238
20%	0.0013	0.4767	5.7000	0.0315	0.03970	0.7700	0.339
压降	A	B	K_m'	T_0	S_0	E_r	B
10%	0.9500	$2.7e-3$	0.5549	0.3032	0.0100	0.0014	−0.172
20%	1.0000	0	0.6024	0.3312	0.0112	0.0026	−1.139

从拟合效果图来看，模型对于风电接入的描述效果较为理想。误差也在允许范围之内。

4.2.4　讨论

从上述数据及拟合数据图中分析可知，工业园区采用分布式发电接入用电系统式，异步感应电动机模型能较好地拟合系统的动态特性，模型的参数比较稳定，采用异步感应电动机并联动态导纳模型也能较好地模拟实际园区运行情况，从整体来看，适应性能较好。值得注意的是，在模型模拟过程中，跟第 2 章考虑的情况一样，需要注意 s_0、T_0 以及感应电动机比例 K_m' 的值，一般在上述第一种情况下工业园区 K_m' 取值范围为 0.7～0.9。由于时间问题，在本章节研究基础上，下一步应该注重分析不同压降及不同风力机接入比情况下，模型的曲线拟合程度。

4.3 光伏发电

4.3.1 引言

在4.2节我们搭建了适用于工业园区的风力发电系统模型，而在分布式电源大力发展的今天，常见分布式电源还有燃料电池、微型燃气轮机、太阳能发电等分布式发电系统。燃料电池及光伏发电本身输出为直流电，传统并网方式需要通过一个逆变器来进行并网，这两种典型的小容量直流分布式电源非常适合应用于工业园区环境并作为辅助供电系统，微型燃气轮机系统是以可燃气体和可燃液体为燃料，功率为25～300kW的超小型燃气轮机。其基本技术特点是采用径流涡轮机(向心涡轮机和离心压缩机)和再生循环。微型燃气轮机发电系统有两种类型：第一种类型是通过齿轮箱将额定转速为3600rad/s或3000rad/s的动力涡轮与传统发电机连接，连接到电网时不需要额外的电力电子装置，结构简单但维护成本高；第二类是一个单轴结构，通过压缩机涡轮机产生的转矩产生动力带动高速永磁发电机，但需要通过整流逆变器并网，控制复杂，与第一种燃气轮机发电系统相比，单轴系统具有效率高、结构紧凑、可靠性高等优点。所以，本文搭建了第二种类型微型燃气轮机发电系统，研究了燃料电池及光伏发电系统的特性并搭建模型，通过虚拟同步发电机技术并网。另外，随着新能源汽车的大力发展，结合实际考虑了工业园区电动充电桩的负荷影响。

4.3.2 光伏模型

太阳能光伏电池可等效成光生电流源与正向偏置二极管并联。加入电池内阻因素，可得到如图4.4所示的等效电路。图中I_{ph}代表光照发生的电流，D表示光电二极管，同时用R_s来模拟光伏电池及半导体材料的内电阻，该电阻阻值较小。R_{sh}则用来等效太阳能电池外阻，即面板材料及环境等因素造成的阻值，该阻值根据实际情况通常会有几百欧甚至几千欧。因此仿真过程中我们对此做开路处理。R_L等效为负载，u为光伏电池输出电压。

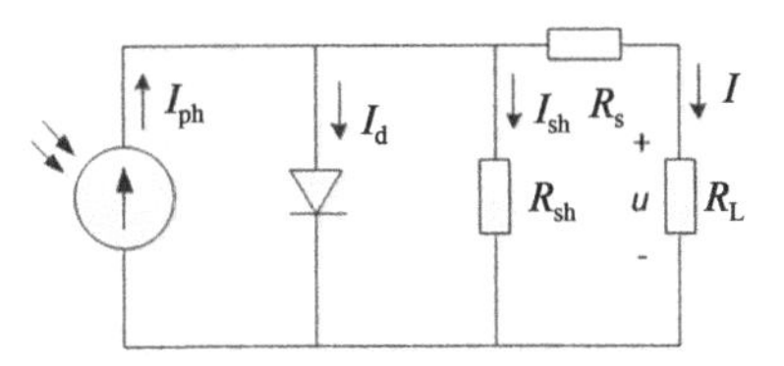

图 4.4　太阳能电池等效模型

由图 4.4 可知该回路实际等效为一个受控电流源，则其输出电流如式(4.6)所示：

$$I=I_{ph}-I_d-I_{sh}=I_{ph}-I_0\left\{\exp\left[\frac{q(u+IR_s)}{AkT}-1\right]\right\}-\frac{u+IR_s}{R_{sh}} \tag{4.6}$$

式中：I_0 代表二极管反向饱和电流；q 为电子电荷；$A=[1,2]$，为 PN 结理想因子；k 代表玻尔兹曼常数；T 为 PN 结的温度。

太阳能光照发生电流与光照强度关系可用式(4.7)描述：

$$I_{ph}=\frac{G}{1000}[I_{SC}+K_T(T-T_{ref})] \tag{4.7}$$

式中：G 为产生电流光照度；K_T 为太阳能电池单体短路电流温度系数；$T_{ref}=25℃$，为参考温度；T 是实测温度；I_{SC} 为光伏电池单体短路电流。由式(4.6)及式(4.7)可得到光伏电池阵列输出电流：

$$I_{PV}=n_pI_{ph}-n_pI_0\left\{\exp\left[\frac{q(U_{PV}/n_s+I_{PV}R_S/n_P}{AkT}\right]-1\right\}-\frac{(U_{PV}/n_s+I_{PV}R_S/n_P)}{R_{sh}} \tag{4.8}$$

式中：U_{PV} 为输出电压；I_{PV} 为输出电流；n_p 和 n_q 表示电池组串并联的数量。

式(4.9)为光伏电池输出功率：

$$P=n_pI_{ph}-n_pI_0\left\{\exp\left[\frac{q(U_{PV}/n_s+I_{PV}R_S/n_P}{AkT}\right]-1\right\}U_{pv}-\frac{(U_{PV}/n_s+I_{PV}R_S/n_P)U_{pv}}{R_{sh}} \tag{4.9}$$

同时光伏电池输出功率与环境温度等条件也有关系，图 4.5 为光伏电池在参考温度 $T=25℃$ 时的 I-V，P-V 曲线。同样适用于光伏阵列。

根据图 4.5 可以看到光伏电池的输出电流和电压特性与光的强度密切相关。当光伏阵列电压较低时，光伏单体的输出特性近似为恒流源，当其逼近开路电压时可以近似为恒压源。假设温度一定，在不同的光照条件下最大功率电压与对应电压不相同，为实现光伏阵列的最大功率输出，光伏阵列的端口电压必须根据光照条件实时调节，这种调整过程叫光伏阵列的最大功率跟踪(Maximum Power Point Tracking，MPPT)。

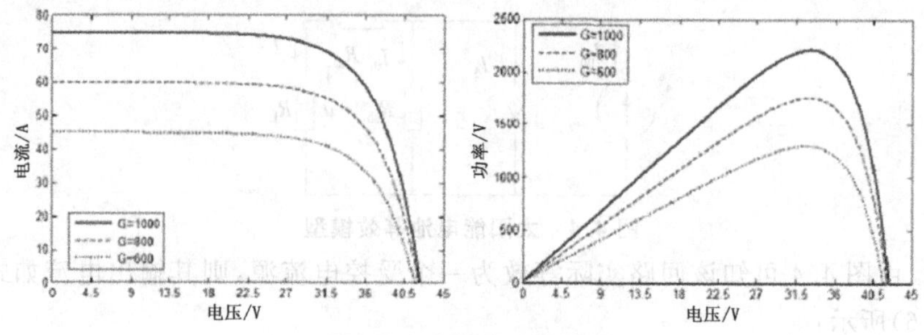

图 4.5　光伏电池特性图

最常用的最大功率点跟踪算法有扰动观察法、电导增量法、开路电压法、神经网络预测法等。扰动观察法包括以下步骤：增加或减少转换器的输入电压，移动工作点在最大功率点附近，首先设置一个光伏电池工作电压，然后周期性干扰的输出电压的光伏阵列，是一种常用的方法。

光伏的控制模型如第 3 章图 3.3 所示，基于同步发电机的特点，逆变器部分构建 VSG 模型，使其具有转动和机械阻尼特性，同时可实现功率控制和调频调压的功能。

4.3.3　光伏模型仿真

利用 Matlab/Simulink 电力系统仿真软件，建立了基于虚拟同步发电机的储能光伏并网发电系统模型。为简化仿真系统，以直流电压源模拟储能电池，作为研究其等效外特性的基础。将该系统接入如图 4.6 所示的配电网络中，参考第 2 章配电模型。假设主网 B4 处发生三相短路故障，压降为 20%，故障时间持续 0.2s，将测量获得的配电网侧负荷母线有功、无功功率及电压等数据作为模型初始数据，进行参数辨识。再由公式(4.5)进行比较分析。

考虑到光伏发电在工业园区中也仅作为辅助发电系统，在此仅分析4.2节中第一种供电情况，即光伏发电不足以供给工业园区感应电动机综合负荷需求。典型参数设置参考第2章。参数辨识结果见表 4.3。

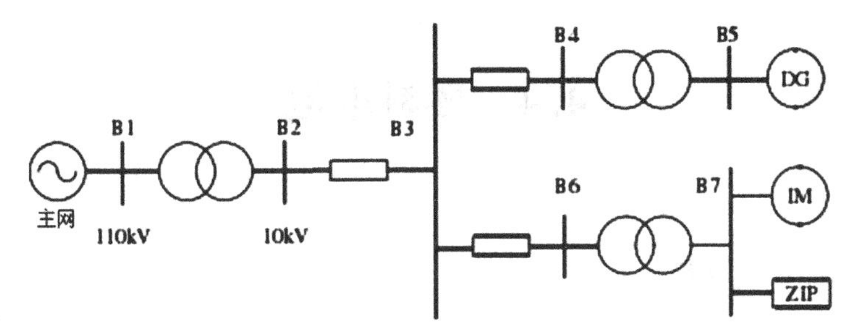

图 4.6　含分布式电源配电网简化图

表 4.3　第一种情况下光伏参数辨识结果

压降	R_e	X_e	X_s	k_{g0}	k_{g1}	b_0	b_1	b_2	b_3	k_q	K_m'	G	B	残差
10%	0.027	0.024	0.086	0.157	−0.196	0.26	1.39	0.02	−0.79	0.993	0.528	0.197	0.009	0.0237
20%	0.030	0.024	0.070	0.147	−0.2.31	0.42	2.02	0.00	−0.86	1.730	0.681	0.230	0.017	0.0153

图 4.7 为压降在 20%情况下有功及无功拟合曲线。

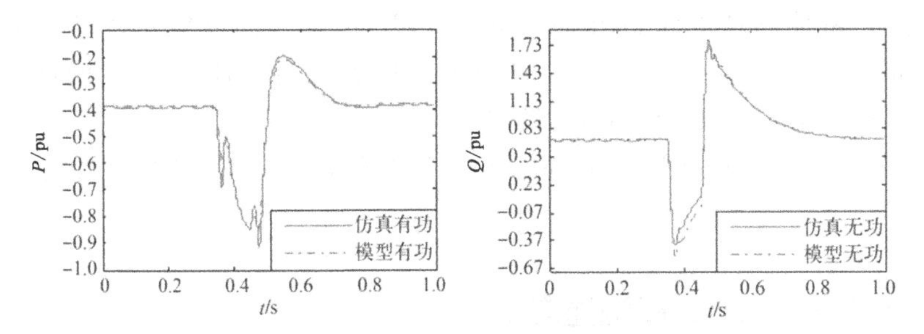

图 4.7　压降 20%SOFC 拟合曲线

4.3.4　讨论

从表 4.3 所示模型拟合残差结果来看，每个数值保持在一个较小的范围内，从数值的角度说明了 SOFC 等效模型的良好描述能力。从模型参数辨识结果看，不同电压降时，同名参数分散性低，参数稳定性较好。

4.4 燃料电池

4.4.1 引言

燃料电池是将燃料的化学能转换成电能的化学装置，它也被称为电化学发生器。它是继水力发电、热力发电和原子能发电之后的第四代发电技术。由于燃料电池是电化学反应，燃料化学能的吉布斯自由能部分转化为电能，不受卡诺循环效应的限制。燃料电池发电系统由大量单个燃料电池组成。它具有能量转换效率高、环境相容性好、体积小、易于实现自动化的优点。燃料电池主要分为以下5类：熔融碳酸盐燃料电池（Molten Carbonate Fuel Cell，MCFC）、磷酸型燃料电池（Phosphoric Acid Fuel Cell，PAFC）、碱性燃料电池（Alkaline Fuel Cell，AFC）、固体氧化物燃料电池（Solid Oxide Fuel Cell，SOFC）及质子交换膜燃料电池（ProtonExchange Membrane Fuel Cell，PEMFC）等[108]。

本书主要以发电效率最好的SOFC燃料电池为研究对象进行建模研究。

4.4.2 SOFC模型建立

1. 本体模型

一般SOFC电池是在氢和氧之间的氧化还原反应的基础上运行的，氢在阳极的催化下分解成氢离子和电子，电子通过外部电路流向电池的阴极。在阴极材料的作用下，阴极区域中的氧与外部电路提供的电子结合产生氧离子，阴极区域中的氧离子通过固体电解质材料到达阳极，阳极产生水。建模仿真前对SOFC模型简化处理[108]：

1)假设氧化剂为氧气，燃料为氢气。

2)电池工作在恒温状态下。

3)忽略外界温度对燃料电池的影响。

4)使用能斯特方程描述电池的电压效应。

因此SOFC模型可分解为三部分来建立。

(1)理想气体状态方程。首先建立SOFC的理想气体状体方程如式(4.9)所示：

$$\begin{cases}\dfrac{dP_{H_2}}{dt}=\dfrac{RT}{V_a}(N_{H_2}^{in}-N_{H_2}^{out}-N_{H_2}^{r})\\ \dfrac{dP_{O_2}}{dt}=\dfrac{RT}{V_{ca}}(N_{O_2}^{in}-N_{O_2}^{out}-N_{O_2}^{r})\\ \dfrac{dP_{H_2O}}{dt}=\dfrac{RT}{V_a}(N_{H_2O}^{in}-N_{H_2O}^{out}-N_{H_2O}^{r})\end{cases}\tag{4.9}$$

式中：$R=8.314\text{J}/(\text{mol}\cdot\text{K})$，为理想气体常数；$P_{H_2}$、$P_{O_2}$、$P_{H_2O}$分别为氢、氧和水蒸汽的压力；$N_{H_2}^{in}$、$N_{O_2}^{in}$、$N_{H_2O}^{in}$、$N_{H_2}^{out}$、$N_{O_2}^{out}$、$N_{H_2O}^{out}$分别为氢、氧和水蒸汽输入输出摩尔量；$N_{H_2}^{r}$、$N_{O_2}^{r}$、$N_{H_2O}^{P}$为氢、氧、水蒸汽的摩尔变化量；$V_a$、$V_{ca}$则分别代表燃料电池阴极和阳极的体积。

根据SOFC原理，可得消耗及产生气体与SOFC电池堆流I的关系式如式(4.10)所示：

$$N_{H_2}^{r}=2N_{O_2}^{r}=N_{H_2O}^{P}=2K_rI\tag{4.10}$$

式中：$K_r=N_0/4F$；N_0代表串联电池的量；F为法拉第常数。同时定义氢气、氧气、水蒸汽输出摩尔量如式(4.11)所示：

$$\begin{cases}N_{H_2}^{out}=K_{H_2}P_{H_2}\\ N_{O_2}^{out}=K_{O_2}P_{O_2}\\ N_{H_2O}^{out}=K_{H_2O}P_{H_2O}\end{cases}\tag{4.11}$$

式中，K_{H_2}、K_{O_2}、K_{H_2O}分别为氢、氧、水蒸汽的摩尔常数。

联立式(4.9)、式(4.10)、式(4.11)，求得氢气、氧气、水蒸汽的气体压力如式(4.12)所示：

$$\begin{cases}P_{H_2}(t)=(N_{H_2}^{in}-2K_rI)(1-e^{-t/\tau_{H_2}})/K_{H_2}+P_{H_2}(0)e^{-t/\tau_{H_2}}\\ P_{O_2}(t)=(N_{H_2}^{in}/r_{H_2O}-K_rI)(1-e^{-t/\tau_{H_2}})/K_{O_2}+P_{O_2}(0)e^{-t/\tau_{O_2}}\\ P_{H_2O}(t)=2K_rI(1-e^{-t/\tau_{H_2O}})/K_{H_2O}+P_{H_2O}(0)e^{-t/\tau_{H_2O}}\end{cases}\tag{4.12}$$

式中，τ_{H_2O}、τ_{O_2}、τ_{H_2}分别为三种气体时间响应常数，其反应式如(4.13)所示：

$$\begin{cases}\tau_{H_2}=V_a/(K_{H_2}RT)\\ \tau_{O_2}=V_{ca}/(K_{O_2}RT)\\ \tau_{H_2O}=V_{ca}/(K_{H_2O}RT)\end{cases}\tag{4.13}$$

(2)热力学电动势方程。固体氧化物燃料电池属于氧浓差极化单元，在合理简化的基础上描述其热力学电动势E的方程，如式(4.14)所示：

$$E=N_0\left[E_0+\frac{RT}{2F}\ln\left(\frac{P_{H_2}P_{O_2}^{1/2}}{P_{H_2O}}\right)+\ln P\right] \tag{4.14}$$

式中：E_0 为 SOFC 电池开路电压；P 为 SOFC 电池堆的系统气压。

(3)电压输出方程

固体氧化物燃料电池工作温度很高，其输出电压是基于热力学电动势的，因此必须考虑因此产生的电压损耗。它通常用经典的半经验公式来描述，如式(4.15)所示：

$$V_{FC}=E-V_{act}-V_{con}-V_{ohm} \tag{4.15}$$

式中，V_{act}、V_{con}、V_{ohm}分别为活性极化、浓度极化和欧姆极化导致的电压损失，计算公式如式(4.16)所示：

$$\begin{cases} V_{act}=a+b\log i \\ V_{con}=-\dfrac{RT}{2F}\ln\left(1-\dfrac{i}{i_L}\right) \\ V_{act}=0.126Ie^{-2870\left(\frac{1}{1273}-\frac{1}{T}\right)} \end{cases} \tag{4.16}$$

式中：a 为 t 塔费尔常数，取值 0.05；b 为塔菲尔斜率，取值 0.11；i_L 为 SOFC 极限电流密度；i 为 SOFC 电流密度。

因此我们可以搭建 SOFC 动态模型如图 4.8 所示。

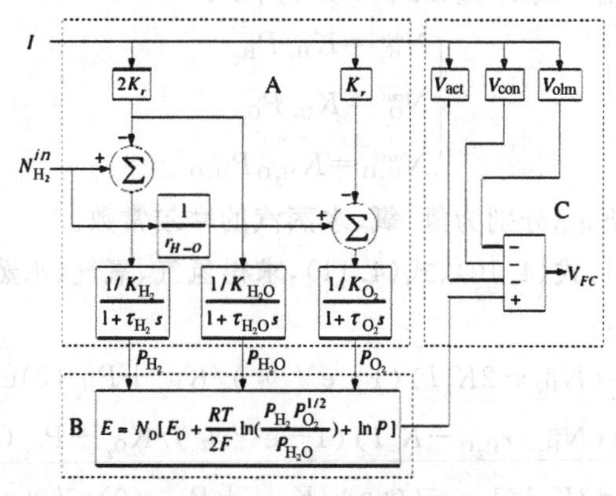

图 4.8　SOFC 模型

2. 控制模型

固体氧化物燃料电池发电系统由蓄电池组、并网逆变器、滤波器、隔离变压器等组成。典型的系统如图 4.9 所示。图中，L_f、C_f 为过滤电感和过滤电容，R_1、L_1 代表 SOFC 发电系统至 PCC 点的线路等值电阻和等值电感。

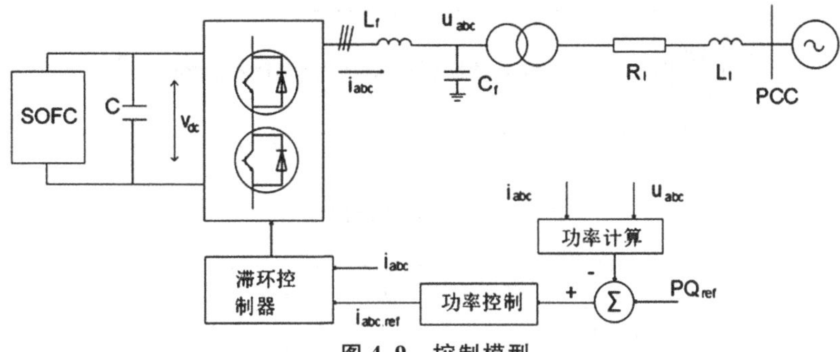

图 4.9 控制模型

该燃料电池系统采用电流滞环控制方法，计算输出到电网的有功及无功功率，将结果输入给定参考功率信号的功率控制回路后输出电流参考信号，将其与实时信号进行比较控制。然后实际电流可以跟踪参考电流信号，使固体氧化物燃料电池发电系统的输出功率与给定的指令功率匹配跟踪。

4.4.3 系统仿真

利用 Matlab/Simulink 仿真工具搭建上述 SOFC 的并网仿真系统，将该系统接入图 4.9 所示的 DG 系统中，参考第 2 章配电网模型，设置 B4 处网络三相短路故障，电压跌落 20%，故障持续时间 0.2s，观测 SOFC 发电系统故障，其动态特性如图 4.10 所示。

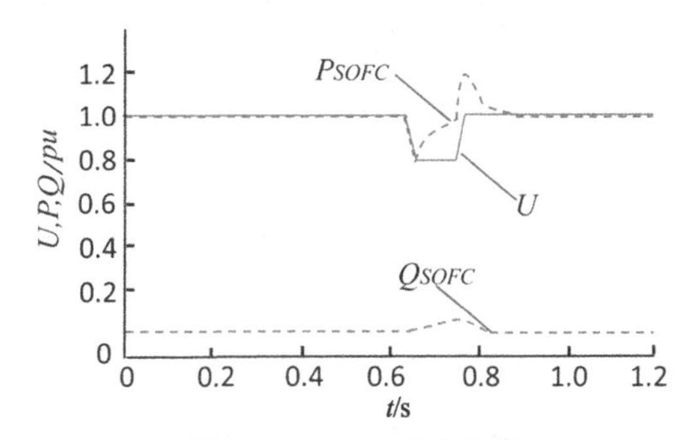

图 4.10 SOFC 动态特性

图 4.10 反映出当 SOFC 工作时动态有功功率输出稳定，当外部电压施加 20%的扰动时，动态功率变化也约为 20%。由于 SOFC 的电化学反应特性，造成系统自我调节恢复速度较慢，通常情况下以十秒级为单位。由图 4.11 电压波形可看出施加压降扰动时，SOFC 电压输出变化很小。因此当大电网发生短路故障，SOFC 输出电压可视为稳定不变，其动态电流变化近似于电感电路充放电。等值电路如图 4.12 所示。

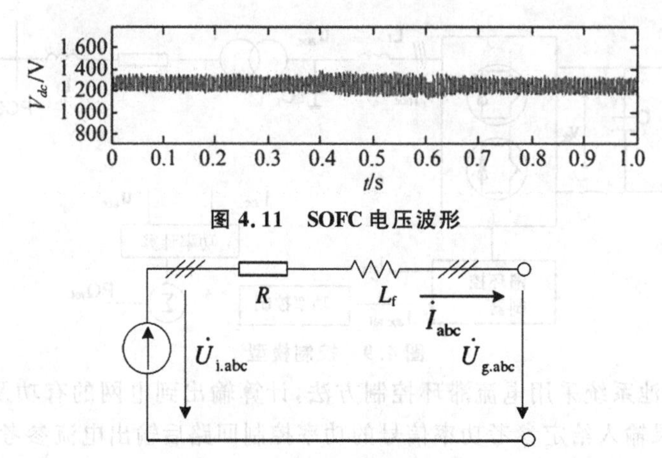

图 4.11 SOFC 电压波形

图 4.12 燃料电池等值电路

系统仿真参数辨识结果如表 4.4 所示。与上述情况相同，在此仅分析 4.2 节中第一种供电情况，即光伏发电不足以供给工业园区感应电动机综合负荷需求。典型参数设置参考第 2 章。

表 4.4 第一种情况下 SOFC 参数辨识结果

压降	R_e	X_e	X_s	k_{g0}	k_{g1}	b_0	b_1	b_2	b_3	k_q	K_m'	G	B	残差
10%	0.021	0.029	0.117	−0.026	−0.079	0.35	1.46	0.27	0.03	1.27	0.396	0.208	−0.322	0.0179
20%	0.039	0.032	0.126	0.211	−1.29	0.33	2.79	0.13	−0.07	1.137	0.667	0.268	−0.337	0.0248

给出压降 20%时的有功及无功拟合曲线如图 4.13 所示。

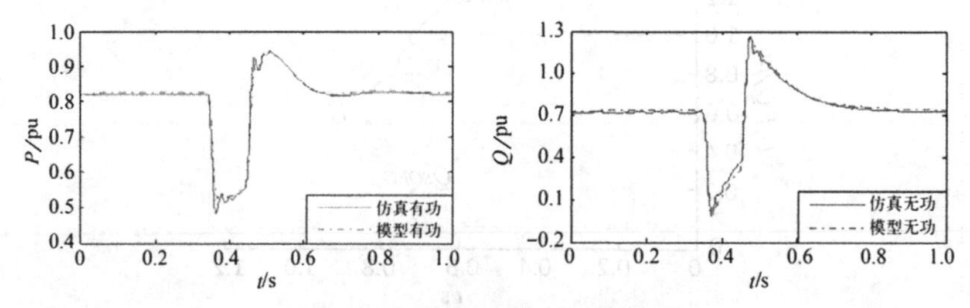

图 4.13 压降 20%FC 拟合曲线

4.4.4 讨论

以上数据分析与拟合效果表明，当 SOFC 电源接入配电网后，采用静态导纳并联感应电动机的广义综合负荷模型结构能较好地匹配含 SOFC 配电网的动态负荷特性，具有较好的自描述能力和泛化能力。同时，通过辨识参数的变化规律，得知直流分布功率的接入对接入比例 K'_{m} 及导纳有很大的影响，但在可控范围以内。因此 SOFC 电源接入配电网后，可以看作一个功率消耗为负的广义静态负荷。

4.5　微型燃气轮机

4.5.1　引言

微型燃气轮机(Microturbine，MT)使用以氢气为代表的具有可燃特性的气体或者是液体作为燃烧材料，在同一时间生成电量和热蒸汽能源，清净可靠。还有其他特点诸如使用效率高、排放有害气体少、结构简单、便于安装管理及检修等等，这种方式已经成为新能源大环境下一种可靠的分布式发电系统，其在当今社会中大规模使用，且呈上升发展趋势，关注度越来越高。MT 是具有代表性的中小容量的分布式电源，大多数直接接入电力系统 10kV 及以下配电网端，和 PV 及 SOFC 原理相似，于是成为了配电网中综合负荷的重要组成部分。于是，在激励大范围内分布式发电高渗透率的前提条件中，分析估计到 MT 接入配电网的位置、容量等综合因素的大背景下，对整个系统的负荷建模等效替代要求将极为严格。因为 MT 负荷建模面临几个问题：第一，总体测辨法的负荷建模需要大量的实测数据来支撑，这些所需的数据如何获取，如何建立合适的正确模型是关键问题。第二，MT 等效模型的选取，动静态负荷之间的取舍问题都是需要注意的点，在建立模型期间需要有明确的定义。针对以上第一个问题，文献[109]建立了 MT 六阶系统；文献[110]建立了一种进行动态仿真的 MT 单循环数学模型；文献[111]利用新型神经网络 PID 控制微型燃气轮机；文献[112]对 MT 系统进行了简化，并分析了其联网动态特性。上述研究主要讲了有关 MT 自身性能的动态变化行为研究，其中涉及和电力系统配电网侧的连接问题。本书研究 MT 自身特性的同时考虑了控制策略，建立了 MT 的动态仿真模型，并进行了仿真验证。

4.5.2 MT模型建立

1. 传统MT模型

传统控制结构的微型燃气轮机结构图如图4.14所示。

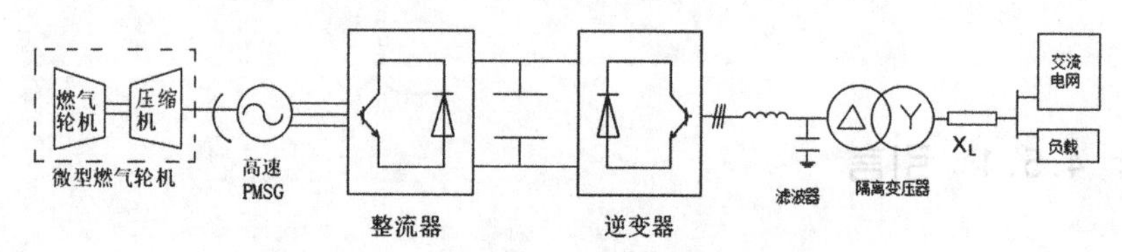

图4.14 传统控制结构的微型燃气轮机结构图

MT动态模型参考W.I.Rowen提出的燃气轮机模型。单轴MT发电系统采用高速永磁同步发电机，在dq坐标系下，其电气部分的数学模型如式(4.17)所示：

$$\begin{cases}\dfrac{\mathrm{d}}{\mathrm{d}t}i_d=\dfrac{1}{L_d}v_d-\dfrac{R}{L_d}i_d+\dfrac{L_d}{L_q}p\omega_r i_q\\[2ex]\dfrac{\mathrm{d}}{\mathrm{d}t}i_q=\dfrac{1}{L_q}v_q-\dfrac{R}{L_q}i_q+\dfrac{L_d}{L_q}p\omega_r i_d-\dfrac{\lambda p\omega_r}{L_q}\end{cases}\tag{4.17}$$

式中：L_d、L_q分别代表定子绕组在dq轴上的分量；i、v分别为定子绕组电流和定子绕组电压；λ代表定子绕组磁通；R为定子绕组电阻。机械部分数学描述如式(4.18)所示：

$$\begin{cases}\dfrac{\mathrm{d}}{\mathrm{d}t}\omega_r=\dfrac{1}{J}(T_e-F\omega_r-T_m)\\[2ex]\dfrac{\mathrm{d}\theta}{\mathrm{d}t}=\omega_r\end{cases}\tag{4.18}$$

式中：T_e代表电磁转矩；F为阻尼系数；T_m为机械转矩。

2. 控制模型

本文建立了基于虚拟同步电机控制模型的微型燃气轮机等效模型，搭建SOFC发电控制系统结构如图4.15所示。由于固体氧化物燃料电池是一种燃料消耗的动力装置，在燃料充足的情况下能保持稳定的输出。因此，在工业园区中，通常选择主电源供电，燃料电池也可作为主要提供电压和频率支持的辅助发电。同时，微型燃气轮机的动力部分属于旋转机械，从长远来看会有一些损失和老化，它需要定期保养和维修。另外，为了降低燃油消耗和提高微型燃气轮机的经济寿命，微型燃气轮机可以接受上一级调度单元的控制指令(MGCC)和退出并投入运行。如果在工业园区环境中，当微型燃气轮机已进入维修期，或燃料不足，或在工业园区运行经济考虑时，微型燃气轮机就可以停产，此时电池储能系统应作为主电源。

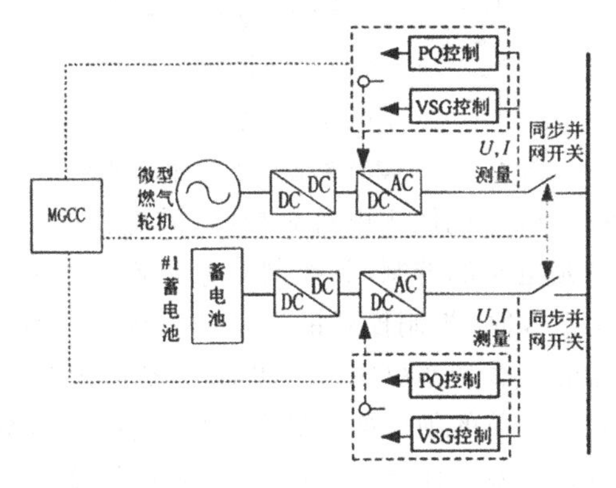

图 4.15　SOFC 发电控制系统结构

微型燃气轮机和蓄电池单元通过并网开关与工业园区电网系统同步。MGCC 与分布式发电的并网逆变器的主控单元连通，操作指令和功率分配指令分发到分布式电源和微型燃气轮机，实现电池单元之间的协调控制。

(1)外环控制器切换。PQ 控制包括功率外环和电流内环，VSG 控制包括一个虚拟同步发电机计算环节、电压外环和电流内环。控制结构如图 4.16 所示。

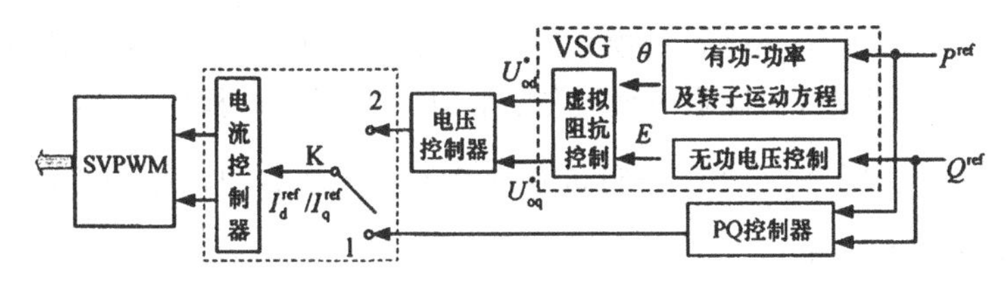

图 4.16　SOFC 外环控制器

因为 PQ 控制电流和电流控制电流的内部电流是不同的，如果差异过大会引起变流器输出功率的震荡。外环控制器状态跟随控制图如图 4.17 所示。

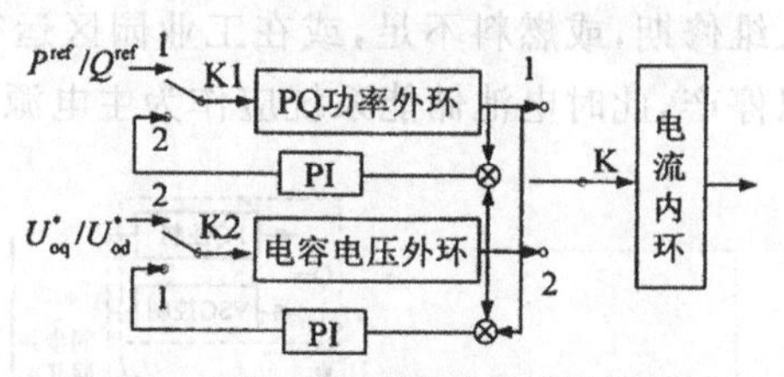

图 4.17　外环控制器状态跟随控制图

(2)相位切换。PQ控制属于电流源控制,派克变换的相角是并网电压的相位,而VSG则是电压源控制,其控制对象为逆变器的出口电压,因此,输出电压的相位角由VSG控制模式的有功功率确定。频率和转子运动的控制方程由变换器的负载功率决定。可见,PQ控制和VSG控制中的派克变换相位明显不同。简单的硬切换会导致电压、电流波形畸变,影响微网的电能质量和稳定运行。基于此本文设计VSG相位切换控制图如图4.18所示。

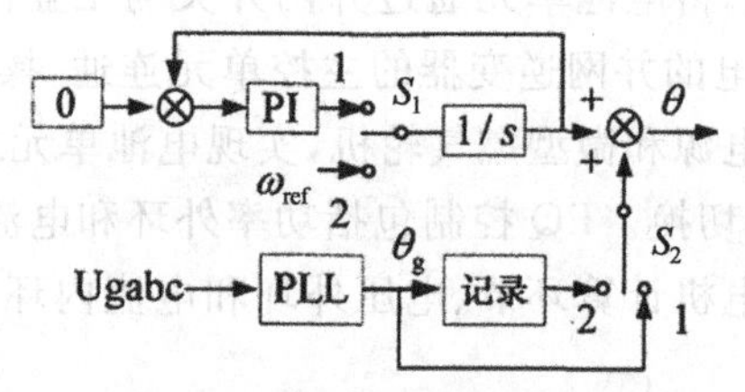

图 4.18　相位切换控制框图

如图4.18所示,PQ控制模式时 S_1 开关位置指向1,这时的控制系统为换流器变压控制,切换到VSG模式,将开关 S_1 与 S_2 指向2,切换后系统控制角 $\theta=\theta_{grid}+\frac{\omega_{ref}}{s}$。VSG控制切换向 PQ 控制时,S_1 与 S_2 开关指向从2到1,该时刻 $\theta_{grid}=0$。

4.5.3　MT系统仿真

利用Matlab/Simulink仿真工具搭建上述MT的仿真系统,并入图4.6配电网模型中,配网模型参考第2章。仿真模型及参数设置与上述直流分布式电源仿真设置相同。下边给出电压降低10%及20%情况下仿真参数辨识结果见表4.5,压降20%情况下有功及无功拟合曲线如图4.19所示。

表 4.5　第一种情况下 MT 参数辨识结果

压降	R_e	X_e	X_s	k_{g0}	k_{g1}	b_0	b_1	b_2	b_3	k_q	K_m'	G	B	残差
10%	0.127	0.229	0.854	0.276	−0.232	0.03	3.86	0.11	−0.34	1.079	0.248	0.113	−0.063	0.0376
20%	0.132	0.247	0.866	0.423	−0.346	0.12	2.79	0.13	−0.43	1.237	0.496	0.224	−0.079	0.0231

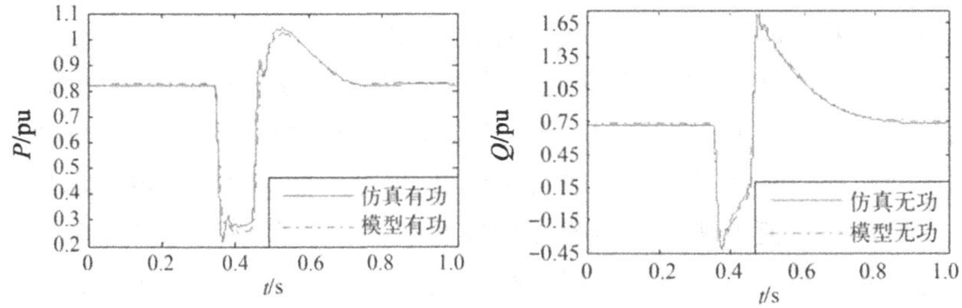

图 4.19　MT 仿真有功及无功图

4.5.4　讨论

以上数据分析和拟合结果表明，当 MT 接入配电网时，本文所建立的广义负荷模型结构能较好地适应含 MT 配电网的动态负荷特性，具有较好的自描述能力。MT 接入配电网后，可看成一个功率消耗为负的广义动态负荷。负荷建模可以用一阶微分方程来描述，证明了等效动负荷并联静态导纳负荷的广义综合负荷模型能够合理地描述配电网的综合负荷特性。

4.6　工业园区电动汽车充电站

4.6.1　引言

随着化石燃料的不断枯竭，全球能源危机和环境问题日益加剧。我国作为化石燃料的主要消费国，传统燃料汽车面临着巨大的挑战。近年来，借助于电池、可再生能源并网技术的不断进步，电动汽车的发展引起了广泛的关注。国家也出台了相关政策鼓励新能源电动汽车的大力发展，并且为新能源汽车出台了专门的车牌号。工业园区作为我国经济发展的载体，新型工业园区配备电动汽车充电桩是必不可少的重要基础措施。因此有必要对电动汽车充电桩做一定的研究。目前,国内对电动汽车充电桩的研究可按充电功率大小分为两类。文献[113－117]研究电动汽车 V2G 控制策略的优势,提高系统的电压/频率的稳定,然而,为了整合电动汽车电池为电网提供必要的配套服务,除了电动汽车和电网,还需要增加第三方控制中心。文献[118－119]研究了充电电路拓扑的低功率慢速充电应用,文献[120－121]研究了对电动汽车进行无线充电的可能性。

然而,这些文献很少考虑电网需求对电动汽车需求侧响应和电网友好性的影响。传统的 DC/AC、AC/DC 换流控制策略虽可实现分布式电源、储能和多元负荷的并网或实现本地负荷供电,但尚未能做到与配网主动配合,其根本原因是换流器缺乏与传统配网配合机制。借鉴传统电网经验,电网中的电源及负荷可自行加入电网运行负荷管理,当电网电压、频率、有功及无功发生变动时进行自适应调整,主要原因是源荷网频率一样,出现扰动时,源荷网之间同步机制实现耦合,可以抵抗外界扰动。

4.6.2 电动汽车充电接口类型

现有比较常见的电动汽车充电接口电路主要有如下 3 类:

1)含工频不可控制整流电路结构,如图 4.20(a)所示。该模型充电口需要带隔离变压器,因此充电口占地面积大,同时充电口没有谐波控制,容易使谐波冲击大电网,引发动荡。

2)使用带有高频隔离结构的 DC/DC 不可控整流结构,如图 4.20(b)所示。优点是体积相对第一种充电口小,但是仍具有较高的谐波,对电网会造成一定的冲击。

3)在第二种结构的基础上加入 PWM 整流控制器,如图 4.20(c)所示。该系统解决了上述两种系统的缺点,即谐波电流可控,远低于上述两种模式,同时系统体积小巧。但是这种结构的充电桩还是无法响应用户需求。

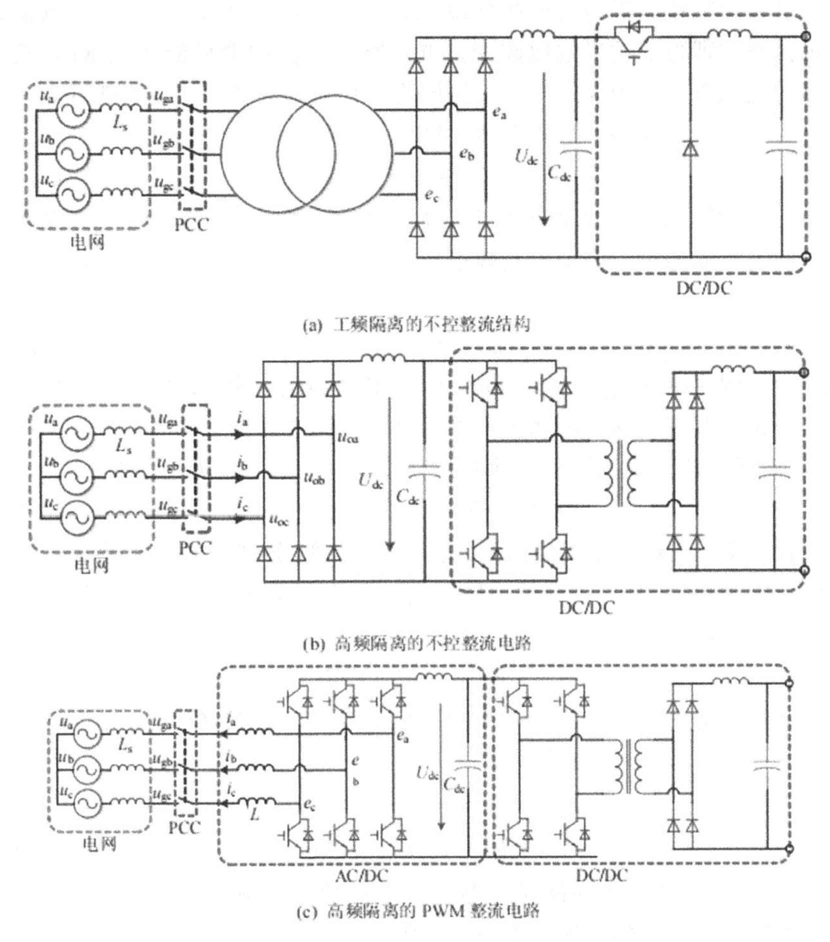

(a) 工频隔离的不控整流结构

(b) 高频隔离的不控整流电路

(c) 高频隔离的PWM整流电路

图4.20 电动充电桩类型

4.6.3 基于虚拟同步电机的控制策略

1. 交流控制策略

如图4.20(c)所示的拓扑结构，将AC/DC接口替换为虚拟同步发电机控制策略，将整个充电桩等效为一台异步电动机负荷，并具有自适应调频调压能力。采用虚拟同步发电机控制策略，该充电桩也可为电网提供一定的惯性及阻尼。虚拟同步发电机的转矩方程及电磁方程可参考式(3.1)～式(3.4)。快速充电口与电网交互需要主动调节有功及无功功率，下面来讨论上述充电桩有功及无功调节控制策略。

1)有功控制策略。当负荷 P 为恒定时，则有 $P=T_0\omega$，也就是说，同步电动机额定机械转矩与电网频率成反比。当电网频率发生变化时，机械转矩也会因物理阻尼的影响而改变。电网频率越高则电机的转速越高，机械阻尼转矩也更大。因此通过对虚拟同步电机机械转矩 T_m 调节则可对并网变流器接口中有功功率进行调节。即

$$T_{\mathrm{m}}=T_0+\Delta T \tag{4.19}$$

式中：$T_0=P_{\mathrm{ref}}/\omega$，$\Delta T$ 为误差反馈。P_{ref} 为 PI 调节器的输出有功。频率响应的调制可以通过一个虚拟调频单元实现，并在比例环节实现，如式(4.20)所示：

$$\Delta T=k_{\mathrm{f}}(f-f_0) \tag{4.20}$$

式中：f 为虚拟同步电机实际频率；f_0 为电网额定频率；k_{f} 为频率系数。

2)无功调节。同步电动机可以通过励磁调节器调节其无功输出和端电压，从而通过调节虚拟同步电动机来调节电机的电压和无功功率。

$$E_p=E_0+\Delta E_Q+\Delta E_U \tag{4.21}$$

式中：E_0 代表电机空载电势；ΔE_Q 为无功调节部分，如式(4.22)所示。ΔE_U 为调节电压部分，其可以等效为异步电动机的自动励磁调节器，其等效式如式(4.24)所示：

$$\Delta E_Q=k_{\mathrm{q}}(Q_{\mathrm{ref}}-Q) \tag{4.22}$$

式中：Q_{ref} 为交流接口的无功指令；k_{q} 为无功调节系数；Q 为交流接口输出的瞬时无功功率，如式(4.23)所示：

$$Q=[(u_{\mathrm{a}}-u_{\mathrm{b}})i_{\mathrm{c}}+(u_{\mathrm{b}}-u_{\mathrm{c}})i_{\mathrm{a}}+(u_{\mathrm{c}}-u_{\mathrm{a}})i_{\mathrm{b}}]/\sqrt{3} \tag{4.23}$$

$$\Delta E_U=k_v(U_{\mathrm{ref}}-U) \tag{4.24}$$

式中：U_{ref}、U 分别代表并网逆变器有效电压值及实际值；k_v 为电压调节系数。可得到电动机的电势为式(4.25)所示：

$$E_p=E_0+\Delta E_Q+\Delta E_U \tag{4.25}$$

所以电机电势电压矢量为

$$E=\begin{bmatrix} E_p\sin\theta \\ E_p\sin(\theta-2\pi/3) \\ E_p\sin(\theta+2\pi/3) \end{bmatrix} \tag{4.26}$$

由以上分析得到交流控制策略如图 4.21 所示。

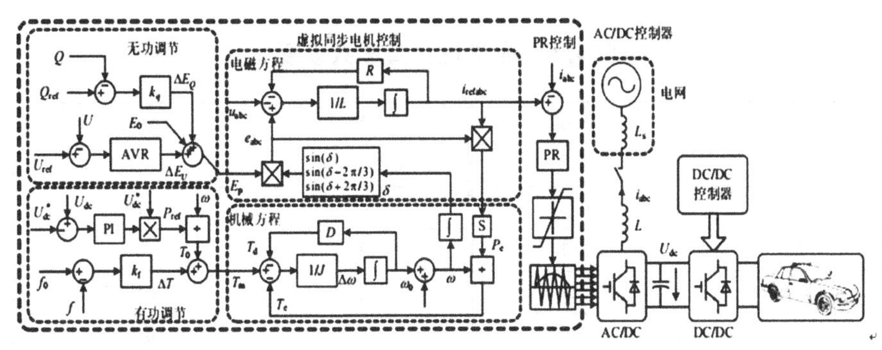

图4.21 充电桩交流控制策略

2. 直流控制策略

基于图4.20(c)的接口，交流接口的直流输出电压为$U_{dc}=600V$。因此没法直接使用充电，需要引入直流接口，通过电压外环PI控制器PI_v及电流内环控制器PI_i可进行控制。假设直流电压额定电压$U_{oref}=48V$，同时IGBT的占空比为D，I_d代表充电电流，直流控制策略如图4.22所示。

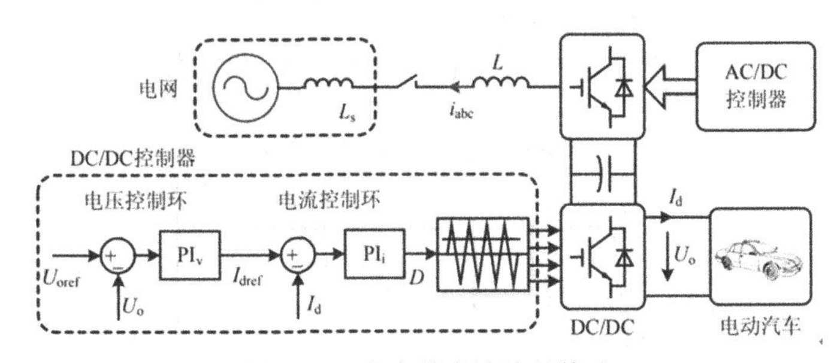

图4.22 充电桩直流控制策略

4.6.4 仿真验证

利用Matlab/Simulink搭建图4.20(c)所示系统图，参数设置见表4.6，配网设置参考第2章配电网模型。将充电桩可看作一个消耗功率为正的动态负荷模型。

IGBT设置10Hz，DC/DC高频变压器变比设置600∶100，AC/DC采用虚拟同步电机控制，其参数如下：$k_p=0.8$，$T_i=0.05$；DC/DC参数设置如下：$k_p=0.02$，$T_i=0.01$；电流环PI_i参数设置如下：$k_p=0.02$，$T_i=0$。运行仿真，为模拟充电负荷，48V的接口处串联0.4Ω电阻。在1s时投入一个0.3Ω负荷用来模拟新加入充电汽车。仿真图如图4.23所示。

表 4.6　充电桩仿真参数设置

参数	数值	参数	数值
L/mH	2	U_{dcref}/V	600
R/Ω	0.3	J	4×10^{-4}
E_0/V	311	D	6
U_{ref}/V	381	k_q	7×10^{-3}
f_0/Hz	50	k_v	0.1
Q_{ref}/Var	0	k_f	−0.08

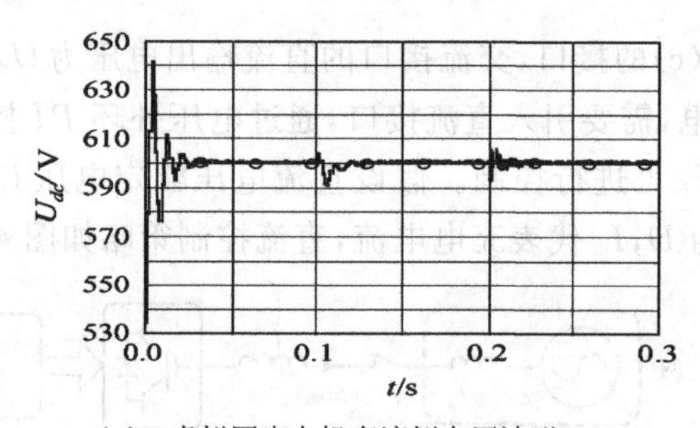

（a） 虚拟同步电机直流侧电压波形

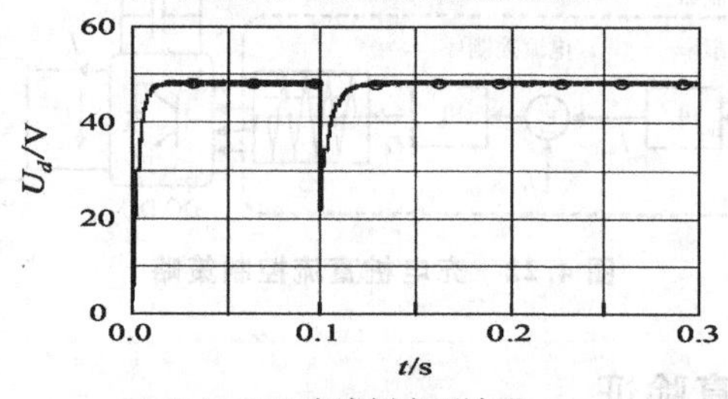

（b） 48V 直流侧电压波形

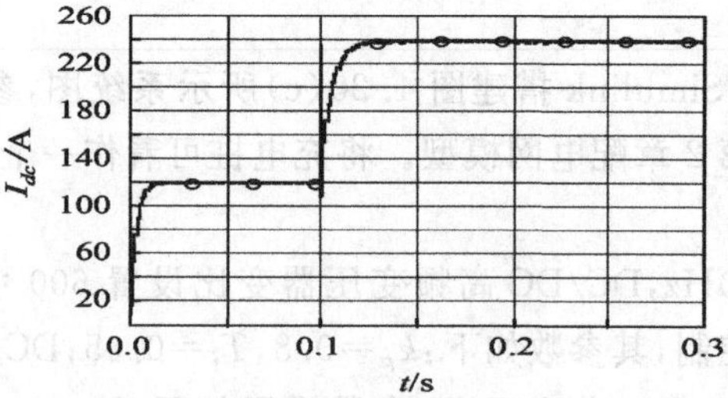

（c） 直流接口充电输出电流波形

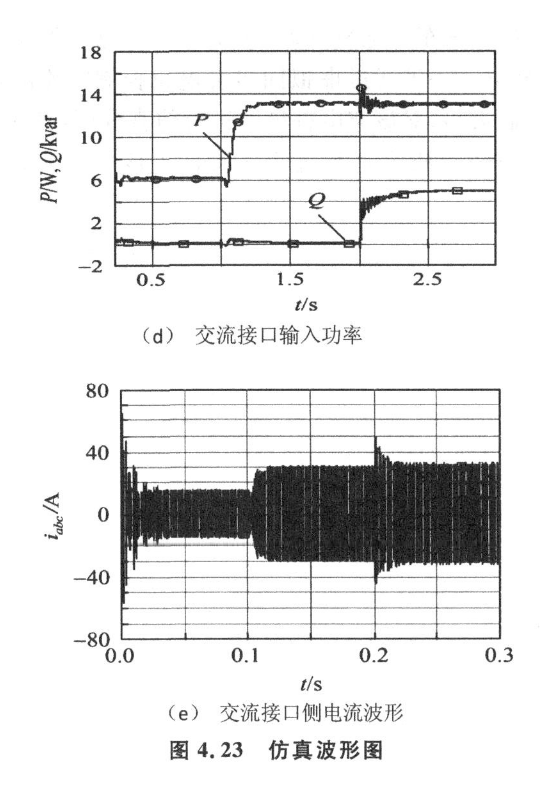

（d）交流接口输入功率

（e）交流接口侧电流波形

图 4.23　仿真波形图

4.6.5　讨论

由图 4.23 所示，仿真初期负荷吸收功率，频率震荡后才维持稳定状态。因为引入虚拟同步电机策略，系统具有阻尼及惯性特性，鲁棒性较强，直流接口在经过 0.1s 左右的震荡后恢复正常。交流接口电流经过 0.1s 左右逐渐稳定，而交流接口频率震荡时间相对较久，也维持在 0.5～1.5s 之间。系统具有良好的自适应性。

4.7　小结

本章针对分布式发电系统，分别建立了风力发电系统、光伏发电系统、微型燃气轮机发电系统和燃料电池发电系统的数学模型。分别通过虚拟同步发电机并网仿真，仿真配电网采用上述建立的“综合感应电动机导纳模型”，验证了模型并网后的 P-Q 特性，以及模型的有效性。针对工业园区有可能设立的大量电动汽车充电桩问题，本文分析了电动汽车充电接口的几种类型，基于此建立了一种通过虚拟同步发电机控制策略的电动汽车充电桩模型以及其控制策略，对该充电桩模型进行仿真分析，将其等效为一个消耗功率为正的动态负荷模型进行处理。验证了该模型的有效性以及*P*-*Q*特性。

第5章　工业园区 CCHP 系统数学模型及评价指标

5.1　冷热电联供系统数学模型

本文是基于燃气轮机的多种能源互补工业园区冷热电联供系统的研究，在燃气轮机作为主发电单元的基础上加入光伏发电、风力发电，以提高它的环保、经济及节能等特性。在并网不售电的原则下，多余的能源由蓄能装置存储；在优化运行的策略下，合理地为负荷提供冷能、热能、电能。

5.1.1　供电设备的数学模型

1. 光伏电池数学模型

太阳能是非常丰富的可再生能源，而光伏发电就是用光伏电池组件将太阳能转换成电能的过程。光伏发电安全可靠、清洁环保、能源优质[122]。但是由于光伏发电易受外界环境的变化而变化，温度和辐射强度的易变性，会使它的 P_{PV} 不定。所以，本书需要对光伏电池的输出功率 P_{PV} 和太阳能光强度 G 的随机变化进行研究。如图 5.1、图 5.2 所示描绘出了不同光照强度下和不同温度下的 U-I 特性曲线。由图 5.1 知，当温度一定时，随着日照强度的增大光伏电池中的 I 也会变大，当 U 一定时，P_{PV} 将会增大。由图 5.2 知，当 G 一定，温度变高时，此时电流 I 逐渐减小，U 一定，输送功率减少。

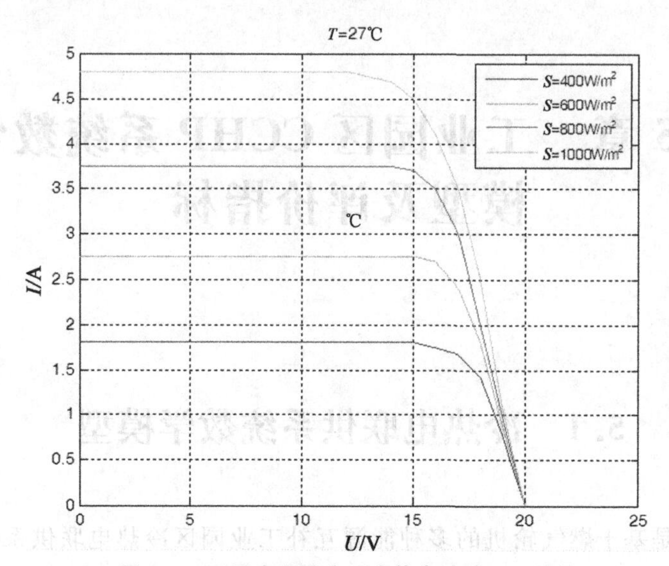

图 5.1 不同光照强度下光伏电池的 *U-I* 特性

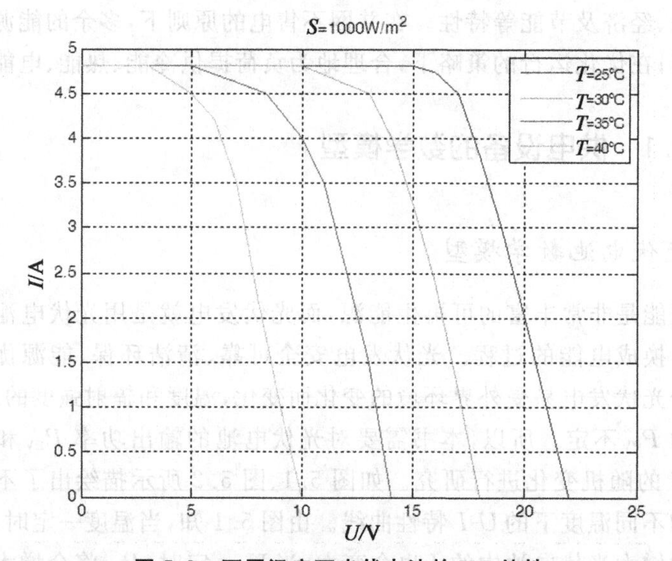

图 5.2 不同温度下光伏电池的 *U-I* 特性

由上述可知，光伏电池的模型应按最大输送功率来列写，模型如下：

$$P_{PV}=P_{m}\frac{G}{G_{STC}}(1+k(T-T_{R})) \tag{5.1}$$

式中：P_{PV}为光伏电池的输出功率；G_{STC}为标准条件下的光照强度（G=1000W/m^2，T=25℃）；P_m 为标准条件下阵列的最大输送功率；G 为光照强度（W/m^2）；k 为功率温度系数；T 为光伏电池的温度（℃）；T_R 为标准参考温度（取 25℃）。

2. 风力发电数学模型

风力发电的原理是将叶片捕获到的风能通过转化装置转化为电能，其主要依靠风能资源来提供动力，虽然风能是取之不尽，用之不竭的，但是由于风能易受天气变化的影响，所以风速 v 的大小是影响风力发电的主要因素。当风速很小时，风力发电机组是不工作的，常需要一个切入风速，当切入风速大于实际风速时机组不工作，反之，则开始工作。当风速逐渐增大到机组的额定速度时，该机组按额定输送功率送出。若 v 过大，超过风电机组的额定转速时，需要将它关闭，以保证该机组的安全。风速与输出功率的关系如图5.3所示。

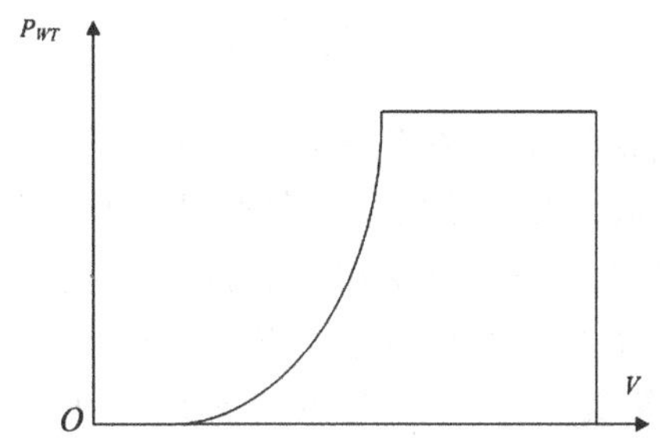

图5.3 风力发电组输出功率与风速的关系

由上图二者的关系知，风力发电机的 P_{WT} 模型需要用一个分段函数进行描述，如下所示：

$$P_{\mathrm{WT}}=\begin{cases}0, & v<v_{\mathrm{ci}}, v>v_{\mathrm{co}} \\ xv^3+yv^2+zv+h, & v_{\mathrm{ci}}<v<v_{\mathrm{r}} \\ P_{\mathrm{r}}, & v_{\mathrm{r}}<v<v_{\mathrm{ci}}\end{cases} \tag{5.2}$$

式中：v_{r}，v_{ci}，v_{co} 为风机的额定速度、切入速度、切除速度；P_{r} 为风机的额定功率，kW；x，y，z，h 为可以根据风机拟合的系数(可以从风机生产商那里得到)。

3. 燃气轮机模型

燃气轮机作为CCHP的系统发电设备，主要由三部分构成：燃烧室、压气机、燃气透平[123]。它以天然气作为主要燃料，将天然气通入燃烧室，同时压入燃烧室中的空气里的氧气进行混合充分燃烧生成高温高压气体，然后进入透平膨胀做功，将热能转换成机械能带动发电机进行发电。燃气轮机的结构图如5.4所示。其体积小、方便搬运、易操作、启动快、具有很好的稳定性。

建立燃气轮机的数学模型：

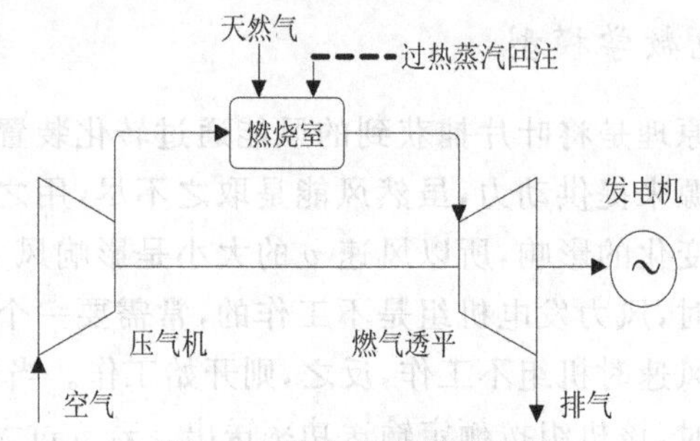

图 5.4　燃气轮机的结构图

$$W=\frac{F\times LHV_{ng}\times\eta_e}{3600} \tag{5.3}$$

$$Q_{eh}=\frac{W\times\eta_{eg}}{\eta_e} \tag{5.4}$$

式中:W 为单台燃气轮机发电功率,kW;Q_{eh} 为单台燃气轮机的高温余热量,kWh;η_{eg}、η_e 为分别为燃气轮机的烟气余热效率和发电效率;LHV_{ng} 为天然气的低燃烧热值,kJ/Nm^3;F 为燃气轮机发电时的耗能量,m^3。

该设备的单位投资金额以及额定效率均与它的额定容量有一定关系,根据文献[124]燃气轮机的 η_e 和 η_{eg} 与该设备 $P_{gt\text{-}rate}$ 的拟合曲线为:

$$C_{gt}=\begin{cases}(-0.824\times P_{gt\text{-}rate}+6713.6)\times P_{gt\text{-}rate} & P_{gt\text{-}rate}\leqslant 4000\\(-0.168\times P_{gt\text{-}rate}+4113.92)\times P_{gt\text{-}rate} & P_{gt\text{-}rate}\geqslant 4000\end{cases} \tag{5.5}$$

$$\eta_{eg}=-0.025\times\ln(P_{rate})+0.64 \tag{5.6}$$

$$\eta_e=0.2188+2.21\times10^{-5}\cdot P_{gt\text{-}rate}-1.02\cdot10^{-9}\cdot P_{gt\text{-}rate}^2 \tag{5.7}$$

式中:$P_{gt\text{-}rate}$ 为燃气轮机的额定容量,KVA;C_{gt} 为燃气轮机的初投资费用,元/kW。

5.1.2　储能装置模型

1. 蓄电池模型

蓄电池是一种储能设备,在冷热电联供系统中,当能源充足供应后仍有剩余时,蓄电池将多余的能量储备起来,避免了能源的浪费。当系统供应能源不足的时候,由蓄能装置为负荷提供能源以保证电力稳定的输出,提高系统的稳定运行能力,因此蓄能装置可以有效地调节电能延时,使系统具有更强的容错力[125]。蓄电池是一种广泛使用的储能方式,结构简单、初投资费用少、灵活性强、适合长时间储能。衡量蓄电池的重要指标如下。

1)电池容量。电池容量是指蓄电池可存储的电量,当满荷放电到某一电压值时所放出的电量,单位为Ah、符号为C。

2)荷电状态。荷电状态(State of Charge,SOC)是指蓄电池在工作后余下的电量与总容量的之比。有定义可知,SOC取值在[0,1]之间,在实际应用中,蓄电池的荷电状态一般在0.15～0.95之间。具体的比值公式如下:

$$\mathrm{SOC}=(C_r/C)\times 100\% \tag{5.8}$$

式中,C_r为某一时刻蓄电池的盈余电量。

3)放电深度。放电深度(Depth of Discharge,DOD)是指蓄电池在工作时用去的电量与总容量的之比:

$$\mathrm{DOD}=Q_c/C \tag{5.9}$$

式中,Q_c为某一时间蓄电池总共放电量。

4)充电深度。充电深度(Dcpth of Chargc,DOC)是指电池工作后余下的电量与电池标准容量C之比:

$$\mathrm{DOC}=(C-Q_c)/C \tag{5.10}$$

2.蓄热槽模型

蓄热槽同蓄电池功能类似,其可以作为热能存储装置,在建筑电力负荷达到高峰时,且热负荷需求不大时,应把剩余的热量储存,否则,发电机组将会受到余热利用的限制,而不能按照电负荷的需求完全投入运行。蓄热槽的数学模型如下公式所示:

$$Q_h(t+1)=Q_h(t)(1-\mu)+\left(\eta_{TST}^{ch}P_{ch}(t)+\frac{1}{\eta_{TST}^{disch}}P_{disch}(t)\right)\times\Delta t \tag{5.11}$$

式中:$Q_h(t)$为蓄热槽在t时段储存的热量,kWh;T为为调度周期,h;$P_{ch}(t)$为在t时段的蓄热功率,kW;$P_{disch}(t)$为t时段的放热功率,kW;η_{TST}^{ch}为蓄热槽的蓄热效率;η_{TST}^{disch}为蓄热槽的放热效率;Δt为t时段到$t+1$时段的时间间隔。

5.1.3 热处理设备模型

1.余热锅炉模型

余热锅炉是利用生产过程中产生的废气、废料、废液中的余热或是通过燃料燃烧产生的热量转化成蒸汽和热水的设备,其排烟温度为150℃～180℃。它在CCHP系统中是排烟余热的主要设备。余热锅炉按燃料不同可以分为燃油型余热锅炉、燃气型余热锅炉、燃煤型余热锅炉等。本文中选用的为燃气余热锅炉。

余热锅炉采用如下模型：

$$Q_{boiler}=Q_{input}\times\eta_{boiler}\times(1-\eta_{loss})\tag{5.12}$$

式中：Q_{boiler}为余热锅炉的制热量，kW/h；Q_{input}为输入余热锅炉的高温余热量，m^3；η_{boiler}为余热锅炉的余热效率，取0.78，补燃热效率取0.74[126]；η_{loss}为余热锅炉的热损率，取为8%[127]。

2. 燃气锅炉模型

燃气锅炉是由送风系统、点火系统、监测系统、燃料系统、电控系统五部分组成的。其中送风系统是向燃烧室内通入一定风速的空气；点火系统是燃烧空气与燃料充分混合后的物质；监测系统是保证燃烧的安全；燃料系统是保证燃烧室燃烧所需的燃料；电控系统是指挥和联络中心。

燃气锅炉如下模型：

$$Q_{gas}=F_{gas\text{-}input}\times\eta_{gas}\times LHV_{ng}\tag{5.13}$$

式中：Q_{gas}为燃气锅炉的热制热量，kWh；$F_{gas\text{-}input}$为输入燃气锅炉的燃料量，m^3；η_{gas}为燃气锅炉的热效率，取为0.92；LHV_{ng}为天然气的低燃烧热值，kJ/Nm^3。

3. 换热器模型

换热器是可以实现两种不同温度的流体之间相互传递热量的设备。换热器采用如下模型：

$$Q_{ex}=Q_{ex\text{-}input}\times\eta_{ex}\tag{5.14}$$

式中：Q_{ex}为换热器输出的热量，kW；$Q_{ex\text{-}input}$为输入换热器的热量，kW；η_{ex}为换热器的热交换效率。

5.1.4 制冷设备模型

1. 吸收式制冷机模型

吸收式制冷机的驱动源是热量，当余热通入吸收式制冷机内通过循环流程完成冷量的制取。吸收式制冷机的制冷系数COP_{absor}是设备的性能转换系数。具体模型如下：

$$Q_{absor}=Q_{input}\times COP_{absor}\tag{5.15}$$

式中：Q_{absor}为吸收式制冷机制取的冷量，kWh；Q_{input}为输入吸收式制冷机的热量，kWh；COP_{absor}为吸收式制冷机的制冷性能系数，取1.56[46]。

2. 电压缩制冷机模型

电压缩制冷机是以电能为主要原料制取冷量的设备，它将输入的电能转换为冷量输出，转换性能系数为消耗的电量与输出冷量的比值，用COP_{ec}表示：

$$Q_{ec}=E_{input}\times COP_{ec} \tag{5.16}$$

式中：Q_{ec}为电压缩制冷机的制冷量，kWh；E_{input}为电压缩制冷机消耗的电量，kWh；COP_{ec}为电压缩制冷机组的制冷性能系数[129]。

5.2 工业园区CCHP系统性能评价指标

合理的评价指标是评价系统性能的关键，本文将从能效方面、经济方面、环境方面等对工业园区CCHP系统做出全面评价。

5.2.1 能效评价指标

1. 一次能源利用率

能源利用率是评价系统性能的重要指标，对于设备配置下的联产系统，经过一次能源利用率的比较可以得出更优的系统运行方式。CCHP系统和分供系统一次能源利用率公式分别如下所示：

$$\eta_{use}^{CCHP}=\frac{Q_{c1}+Q_{h1}+E_{gene1}}{F_{total}^{CCHP}} \tag{5.17}$$

$$\eta_{use}^{SUB}=\frac{Q_{c2}+Q_{h2}+E_{gene2}}{F_{total}^{SUB}} \tag{5.18}$$

式中：Q_{c1}为联供系统的制冷量，kWh；Q_{h1}为联供系统的制冷量，kWh；E_{gene1}为联供系统的发电量，kWh；Q_{c2}为分供系统的制冷量，kWh；Q_{h2}为分供系统的制冷量，kWh；E_{gene2}为分供系统的发电量，kWh。

2. 一次能源节约率

一次能源节约率是CCHP系统的节能性评价指标，其主要体现在消耗的燃料量上，联供系统和分供系统供能所消耗的燃料量公式分别如下所示：

$$F_{\text{total}}^{\text{CCHP}} = \lambda \times \sum_{a,b,c} \sum_{t=1}^{T} (F_{\text{gt},t} + F_{b,t}) \tag{5.19}$$

$$F_{\text{total}}^{\text{SUB}} = \lambda \times \sum_{a,b,c} \sum_{t=1}^{T} F_{b}^{\text{SUB}} \tag{5.20}$$

式中：$F_{\text{total}}^{\text{CCHP}}$ 为联供系统消耗的燃料量，m^3；$F_{\text{total}}^{\text{SUB}}$ 为分供系统消耗的燃料量，m^3；$F_{\text{b}}^{\text{SUB}}$ 为分供系统燃料的补燃量，m^3；F_{gt} 为燃气轮机做功消耗的燃料量，m^3；F_b 为联供系统总的一次能源补燃量，m^3。

由式(5.19)和式(5.20)可以得到一次能耗节约率的如下关系：

$$\eta_{\text{energy}} = \frac{F_{\text{total}}^{\text{SUB}} - F_{\text{total}}^{\text{CCHP}}}{F_{\text{total}}^{\text{SUB}}} \tag{5.21}$$

5.2.2 经济评价指标

冷热电联供系的经济性评价指标选取为总投资成本，它主要包括年初投资成本、年运行成本、年维修成本。其中，初投资成本是指系统购买设备所支出的资金；年运行费用是指运行过程中购买电和能源所支出的资金；维护费用是指设备的检修、护理所支出的资金。联供系统和分供系统的年投资成本公式分别如下所示：

$$C_{\text{cost}}^{\text{CCHP}} = C_{\text{inv1}} \times R + C_{\text{run1}} + C_{\text{serv1}} \tag{5.22}$$

$$C_{\text{cost}}^{\text{SUB}} = C_{\text{inv2}} \times R + C_{\text{run2}} + C_{\text{serv2}} \tag{5.23}$$

$$R = \frac{r(1+r)^n}{[(1+r)^n - 1]} \tag{5.24}$$

式中：$C_{\text{cost}}^{\text{CCHP}}$ 为联供系统年总投资成本，元；C_{inv1} 为联供系统年初投资成本，元；C_{run1} 为联供系统年运行成本，元；C_{serv1} 为联供系统年维修成本，元；C_{inv2} 为分供系统年初投资成本，元；C_{run2} 为分供系统年运行成本，元；C_{serv2} 为分供系统年维修成本，元；R 为投资回收系数；r 为年利率（r 取为 8%）；n 为系统设备寿命。

联产系统相比于分供系统的节省率公式如下所示：

$$\eta_{\text{cost}} = \frac{C_{\text{cost}}^{\text{SUB}} - C_{\text{cost}}^{\text{CCHP}}}{C_{\text{cost}}^{\text{SUB}}} \tag{5.25}$$

5.2.3 环境评价指标

由焚烧或工业生产排放所产生的有害物质的成分是很复杂的，主要包括 CO_2、CO、NO_x、SO_2 等，其中 CO_2 是主要成分，其比例占到 99%以上，其他比例很小可以忽略不计。所以，本文选取 CO_2 作为环保性评价指标。联供系统和分供系统的 CO_2 的排放量公式分别如下所示：

$$CO_2^{CCHP}=\varepsilon_g E_{buy1}+\varepsilon_P(F_{gt}+F_{b1}) \tag{5.26}$$

$$CO_2^{SUB}=\varepsilon_g\sum_{t=1}^{T}E_{buy2,t}+\varepsilon_P\sum_{t=1}^{T}F_{b2,t} \tag{5.27}$$

式中：CO_2^{CCHP} 为联供系统 CO_2 的排放量，t；CO_2^{SUB} 为分供系统 CO_2 的排放量，t；ε_g 为购电所产生的 CO_2 排放量的转化系数，g/kWh；E_{buy1} 为联供系统的购电量，kWh；E_{buy2} 为分供系统的购电量，kWh；ε_P 为一次能源燃烧时 CO_2 排放量的转化系数，g/kWh；F_{gt} 为燃气轮机发电时一次能源消耗量，m^3；F_{b1} 为联供系统总的补燃量，m^3；F_{b2} 为分供系统总的补燃量，m^3。

联供系统相比于分供系统的 CO_2 减排率公式如下所示：

$$\eta_{CO_2}=\frac{CO_2^{SUB}-CO_2^{CCHP}}{CO_2^{SUB}} \tag{5.28}$$

5.2.4　综合评价指标

目前，大多数文献对 CCHP 系统性能的评价主要考虑其经济性。然而，在当前能源形势和环境压力下，为了更加科学合理的评价系统，需要从节能性、经济性和环保性等多个方面加以综合考虑。为此本文提出了基于节能性、经济性和环保性三者相结合的多目标评价指标。

综合目标函数表示为：

$$\max Z=\omega_1\eta_{CO_2}+\omega_2\eta_{cost}+\omega_3\eta_{energy} \tag{5.29}$$

式中：Z 为综合目标函数，以结果最大为评价基准；ω_1、ω_2、ω_3 分别表示环境指标、经济指标和能效指标三者在综合目标函数中所占的权重系数，$\omega_1+\omega_2+\omega_3=1$，且 $0\leqslant\omega_1$、ω_2、$\omega_3\leqslant 1$。

5.3　小结

首先，本文建立了光伏发电、风力发电的数学模型以及联供系统动力设备模型、热处理设备模型、制冷设备的模型和储能设备的模型，然后，从经济、能效、环境等三个方面分别创建了 CCHP 系统的数学模型。最后，建立了综合评价指标。

第6章 工业园区CCHP系统优化配置研究

6.1 联供系统优化方法

在解决建筑冷热电联供系统优化问题时，学者们常用到的智能算法有遗传算法、粒子群算法、混沌算法等[130]。粒子群算法具有随机性的特点，混沌算法具有遍历性、规律性、对初值敏感的特性，混沌粒子群算法极具二者的优点，也是本文所采用的智能优化算法。

6.1.1 混沌粒子群算法原理

混沌是由确定性和随机性两种成分所形成的运动状态，是客观存在的一种较为普遍的现象。混沌现象并不是杂乱无章的，在其复杂且随机行为的情况下却具有精细的内在结构[131]。混沌优化是一个比较新的优化方式，它可以运用自身的优点使群体逃离局部最优解。混沌粒子群算法的原理是利用载波的方式将与原优化变量等数目的混沌状态量通过映射引入到优化变量的取值区间中，然后用混沌变量进行邻域空间内搜索，在适时阶段给其一个混沌扰动使混沌粒子不断地更新速度和位置，最终寻求到全局最优解[132]。

在空间 D 维中有 m 个粒子，其中粒子 i 的位置可以表示为：$X_i=(x_{i1},x_{i2},\cdots,x_{iD})$，它在空间 D 维中所记录的最佳路径为：$P_i=(p_{i1},p_{i2},\cdots,p_{iD})$，每个粒子在空间范围内的飞行速度为：$V_i=(v_{i1},v_{i2},\cdots,v_{iD})$，$i=1,2,\cdots,m$。在 m 个粒子中，每个粒子所记录的最佳路径为：$P_g=(p_{g1},p_{g2},\cdots,p_{gD})$，每个粒子都需要根据公式(6.1)和(6.2)更新自己的速度和位置。

$$v_{id}=wv_{id}+c_1r_1(b_{id}-x_{id})+c_2r_2(b_{gd}-x_{id}) \tag{6.1}$$

$$x_{id}=x_{id}+v_{id} \tag{6.2}$$

式中：w 为惯性权重；c_1 和 c_2 为学习因子；r_1 和 r_2 是[0,1]之间的随机数。

本文以 Logistic 方程为例，将其作为典型的混沌搜索系统：

$$z_{n+1}=\mu z_n(1-z_n)\quad n=0,1,2\cdots \tag{6.3}$$

式中，μ为控制参量，取为4，当$0\leqslant z_0\leqslant 1$时为混沌系统。当$z_0\in[0,1]$，可以迭代出$N$个向量$z_1,z_2,z_3,\cdots$。

6.1.2 混沌粒子群优化算法的思想

该算法的两种思想体现：

1)混沌算法序列先对其位置和速度初始化，然后结合粒子群算法的特性，使其能够快速地从众多初始种群中择优出最优解。

2)首先要从最佳路径中选择出最优粒子作为混沌序列，并从中择优替代当前粒子路径。运用混沌搜索算法使之在迭代中产生出更多的邻域点，以防止其进入局部最优解。

6.1.3 混沌粒子群算法流程

设寻优目标函数为：

$$\begin{gathered}\min f(x),X=[x_1,x_2,\cdots,x_D]\\ \text{s.t. } x_i\in[a_i,b_i],(i=1,2,\cdots,D)\end{gathered} \tag{6.4}$$

式中：$[a_i,b_i]$为x_i的变化区间；D为变量的个数。

则混沌粒子群算法的具体流程如下[133]：

步骤1：初始化并设置算法中的参数和最大迭代次数。

1)随机产生n维向量的$z_1=(z_{11},z_{12},\cdots,z_{1n})$，每个向量的数值在$[0,1]$之间。由公式(6.3)可以得到$N$个向量$z_1,z_2,\cdots,z_N$。

2)将这N个分量载波到对应变量的区间内。

3)计算得出适应度值，从中挑选出K个最佳解，并得出M个初始速度。

步骤2：运用混沌序列对其位置、速度进行初始化。

步骤3：若粒子的适应度值优于p_{best}，则最新位置记为p_{best}。

步骤4：若粒子的适应度值优于g_{best}，则最新位置记为g_{best}。

步骤5：根据公式(6.1)、(6.2)更新粒子的位置和速度。

步骤6：对$P_g=(p_{g1},p_{g2},\cdots,p_{gD})$采用混沌式优化。将$P_{gi}$$(i=1,2,\cdots,D)$映射到公式(6.3)中的定义域$[0,1]$上，得到$z_i=(p_{gi}-a_i)/(b_i-a_i),(i=1,2,\cdots,D)$，然后，再运用公式(6.3)进行迭代产生混沌变量$z_i^m(m=1,2,\cdots)$，再将该混沌变量逆映射$p_{gi}^m=a_i+(b_i-a_i)z_i^m$到原始解空间中，为：

$$p_g^m=(p_{g1}^m,p_{g2}^m,\cdots,p_{gD}^m),(m=1,2,\cdots) \tag{6.5}$$

计算混沌优化得到的每一个可行解的适应度值，在所有可行解中找到

最好的可行解 $p*$。

步骤 7:用 $p*$ 代替空间中所有粒子的位置。

步骤 8:若达到最大循环次数,停止搜索,得出全局最优解,否则继续步骤 3。

混沌粒子群算法流程图如图 6.1 所示。

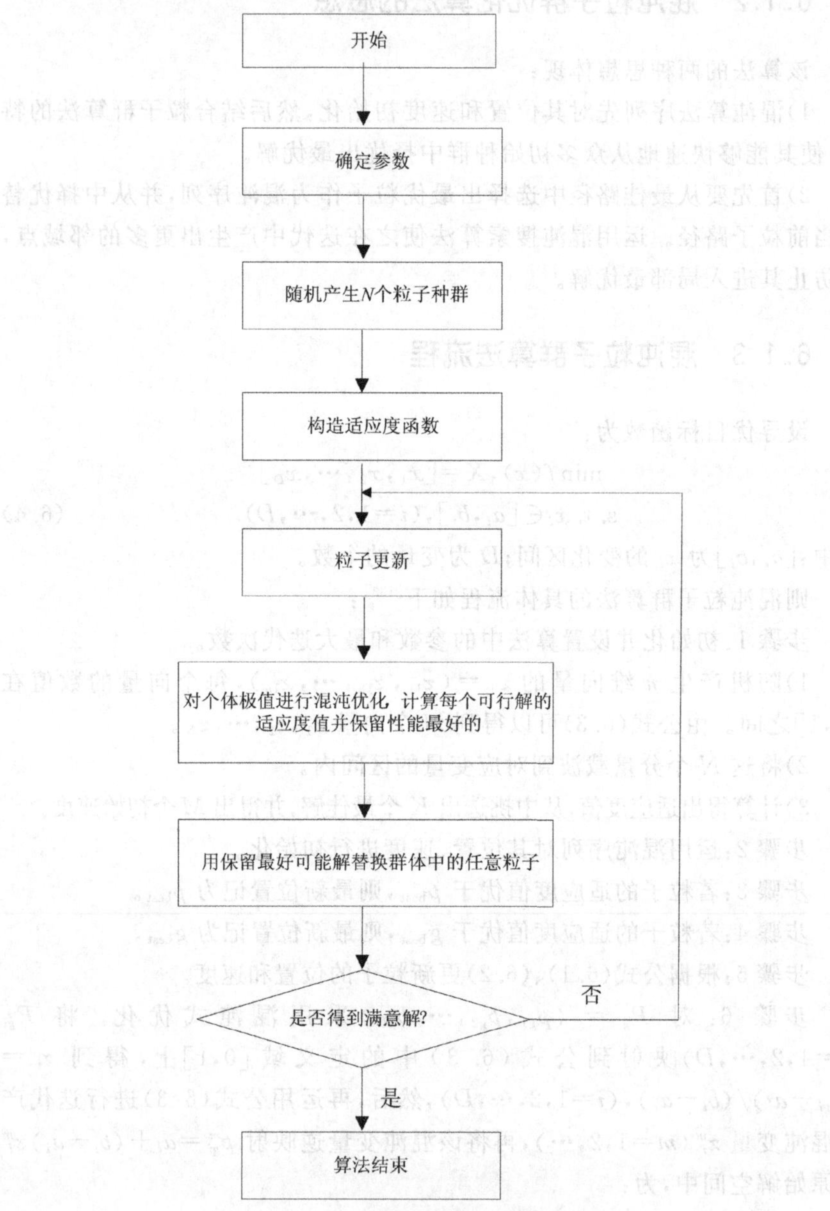

图 6.1 混沌粒子群算法流程图

6.1.4 多目标转单目标

在处理复杂的多目标求解时，往往需要其转化为简单的单目标问题来解决，不仅使问题简单化而且解决了多个目标函数量纲不一致的问题。多目标转单目标的方法有很多种，一般有平方和加权法、子目标乘除法、线性加权法、分层序列法、模糊理论法、函数法等。本文主要采用模糊理论法将目标函数模糊化，以专家打分法确定各指标的权重，进而合理地将多目标求解转化为单目标求解。

本书的目标函数如下：

$$\max Z=\omega_1\eta_{CO_2}+\omega_2\eta_{cost}+\omega_3\eta_{energy} \tag{6.6}$$

1)判断矩阵的构造。

$$\boldsymbol{B}=\begin{pmatrix}1 & b_{12} & b_{13}\\ 1/b_{12} & 1 & b_{23}\\ 1/b_{13} & 1/b_{23} & 1\end{pmatrix}$$

2)一致性检验。对于上述矩阵来说，首先通过 $B\alpha=\lambda_{max}\alpha$ 计算出它的最大特征根 λ_{max} 与特征向量 α。

(1)计算一致性指标 CI：

$$CI=\frac{\lambda_{max}-n}{n-1} \tag{6.7}$$

当 $\lambda_{max}=n$，$CI=0$ 时，CI 为完全一致。当 $CI\leqslant 0.1$，那么 B 矩阵的特征根就通过了一致性检验。

(2)衡量判断矩阵的一致性指标 CR：

$$CR=\frac{CI}{RI} \tag{6.8}$$

当 $CR<0.1$ 时判断矩阵具有一致性；否则当 $CR\geqslant 0.1$ 时判断矩阵不合理需要调整，直到符合一致性检验为止。然后，把特征向量 α 标准化于0,1之间，此时该向量就为权向量[134]。

判断矩阵的构造如下所示：

$$\boldsymbol{B}=\begin{pmatrix}B_{11} & B_{12} & B_{13}\\ B_{21} & B_{22} & B_{23}\\ B_{31} & B_{32} & B_{33}\end{pmatrix}=\begin{pmatrix}1 & 0.9 & 1.2\\ 10/9 & 1 & 0.99\\ 6/5 & 100/99 & 1\end{pmatrix}$$

由该矩阵可以得出权重系数为 $(\omega_1,\omega_2,\omega_3)=(0.345,0.314,0.341)$，经计算得特征值 λ_{max} 为3.148，则 $CI=0.057<0.1$，$CR=0.098<0.1$。则判断矩阵具有一致性。

6.2 CCHP 系统方案配置

6.2.1 CCHP 系统方案配置原则及方案确定

结合大量学者的研究成果，从中得出 CCHP 系统单纯地“以热定电”或“以电定热”的优化配置方式，并不能达到合理配置设备的结果，还势必会造成能源供能不足或能源浪费的情况发生。本书在上网不售电的原则和优化运行策略下进行，在传统冷热电三联供的供能能源的基础上引入了光伏、风力等可再生能源。工业园区是集合有多种用能类型的综合性的建筑类型，发电单元仅仅使用传统的燃气轮机、内燃机或是微燃机，不仅不能节省能源还会造成一定的污染，引入可再生能源提高了供能的可靠性、安全性、环保性、节能性、经济性。在国家大力提倡安全、环保、节约的大前提下，燃气轮机相比于内燃机更环保、更清洁，相比于微燃机容量范围更大、发电效率更高，因此，本文以燃气轮机作为发电设备的基础上加入光伏、风力作为辅助，以达到更节能、环保、经济的良好形势。

当电量需求较大时，光伏或风力结合燃气轮机进行供电，不足的电量由大电网提供，产生的多余的热能由蓄热装置储存。当热量需求较大时，蓄热装置将存储的热能供给建筑负荷，并可由燃气轮机供电，光伏风力产生的电能可以转化成热能和燃气轮机排放的高温余热一起供给热负荷(包括冷负荷)，当热量仍然不满足需求时，由燃气锅炉补燃提供。由于光伏、风力的加入会对设备的配置产生一定的影响，根据是否加入可再生能源对联供系统分成了几种不同的方案进行研究。

在方案确定之前，本文做出如下假设：

1)燃气轮机排出的余烟温度恒定。

2)系统各设备的效率恒定。

3)系统各机组的启、停快速完成。

4)冬季、夏季、过渡季，每天的建筑负荷情况和各季节典型日负荷对应相同。

5)系统在计算不参与优化的设备容量与工作过程中出现的最大值相等。

根据上述原则，将方案分为以下三种：

1)方案一：燃气轮机＋光伏＋蓄电池＋余热锅炉＋换热器＋吸收式制冷机＋电制冷机＋燃气锅炉＋蓄热槽。

2)方案二:燃气轮机+光伏+风力+蓄电池+余热锅炉+换热器+吸收式制冷机+电制冷机+燃气锅炉+蓄热槽。

3)方案三:燃气轮机+蓄电池余热锅炉+换热器+吸收式制冷机+电制冷机+燃气锅炉+蓄热槽。

6.2.2 建立联供系统各方案目标函数和约束条件

1.含光伏冷热电联供系统

含光伏的CCHP系统结构如图6.2所示。

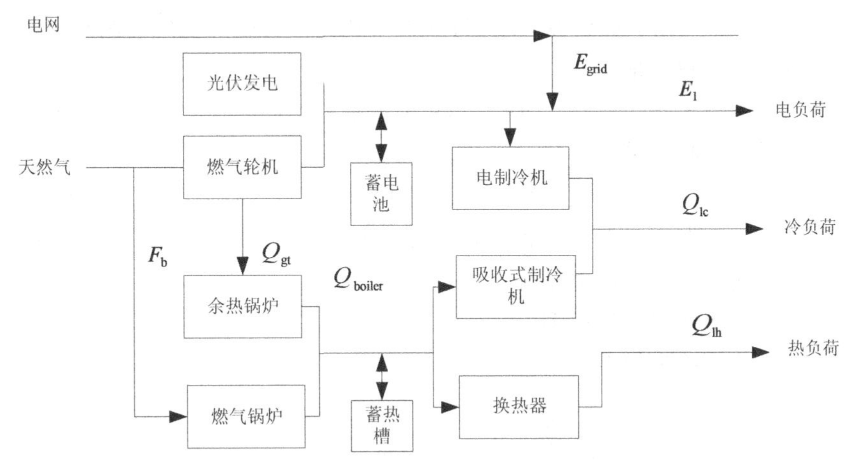

图6.2 含光伏的CCHP系统结构图

由图6.2可知,天然气通入燃气轮机燃烧做功发电,和光伏发电一起提供工业园区所需要的电负荷,以及电制冷机所需要的电量。当所发的电量不能满足工业园建筑电负荷需求时,由大电网提供。当发电设备所发的电量有剩余时,将其存入蓄电池。燃气轮机燃烧后排放的高温余热送入余热锅炉中,余热锅炉再将热负荷通入吸收式制冷机和换热器分别进行制冷、制热,吸收式制冷机和电制冷机一起供冷,换热器供热,不足的热需求由燃气锅炉补燃提供,多余的热能由蓄热槽储存。

燃气轮机排放的高温余热

$$Q_{gt\text{-}a,b,c}=\frac{W\times\eta_{eg}\times n_{gt}}{\eta_e} \tag{6.9}$$

式中:W为燃气轮机发电功率,kW;n_{gt}为燃气轮机的台数;$Q_{gt\text{-}a,b,c}$为燃气轮机不同季节的高温排烟量,kW/h;a,b,c为代表夏季、冬季、过渡季。

根据式(6.9)得出燃气轮机的能耗量;进而也得出发电量的公式:

$$F_{\text{gt-}a,b,c}=\frac{Q_{\text{gt-}a,b,c}}{\eta_{\text{boiler}}\times(1-\eta_{\text{e}})} \tag{6.10}$$

$$E_{\text{gt-}a,b,c}=F_{\text{gt-}a,b,c}\times\eta_{\text{e}} \tag{6.11}$$

不同季节余热锅炉的制热量

$$Q_{\text{boiler-}a,b,c}=Q_{\text{gt-}a,b,c}\times\eta_{\text{boiler}}\times(1-\eta_{\text{loss}})\times n_{\text{boiler}} \tag{6.12}$$

联供系统燃气锅炉的补燃量和制热量如式(6.13)、(6.14)所示：

$$F_{\text{gas1-1}}=\frac{P_{\text{gas1}}\times 3600\times n_{\text{gas}}}{\eta_{\text{gas}}\times LHV_{\text{ng}}} \tag{6.13}$$

$$Q_{\text{gas1}}=F_{\text{gas1}}\times\eta_{\text{gas}}\times LHV_{\text{ng}} \tag{6.14}$$

式中：F_{gas1}为方案一联供系统燃气锅炉的补燃量(注：脚标“1、2、3”表示方案一、二、三)；LHV_{ng}取为35579.7kJ/m^3；P_{gas1}为方案一联供系统燃气锅炉的容量；n_{gas}为燃气锅炉的台数；Q_{gas1}为方案一联供系统燃气锅炉的制热量。

换热器的制热量

$$Q_{\text{ex1}}=Q_{\text{input1}}\times\eta_{\text{ex}} \tag{6.15}$$

电制冷机制冷量

$$Q_{\text{ec1}}=E_{\text{ec1}}\times COP_{\text{ec}} \tag{6.16}$$

式中，E_{ec1}为方案一电制冷机消耗的电量。根据系统评价指标，建立该方案的目标函数和对应的约束条件。

1)环保性优化目标模型。

CO_2的排放量模型

$$CO_2^{\text{CCHP}}=\sum_{a,b,c}\sum_{t=1}^{T}\left[\varepsilon_{\text{g}}\times E_{\text{buy1},t}+\varepsilon_{P}(F_{\text{gt1},t}+F_{\text{gas1},t})\right] \tag{6.17}$$

式中：T为各季节运行的小时数，h；$E_{\text{buy1},t}$为方案一联供系统t时间段的购电量，kWh；$F_{\text{gt1},t}$为方案一燃气轮机发电时的耗能量，kW；$F_{\text{gas1},t}$为方案一联供系统t时段的补燃量，m^3。

2)经济性优化目标模型。

年总费用模型

$$C_{\text{cost}}^{\text{CCHP}}=C_{\text{inv}}\times R+C_{\text{run}}+C_{\text{serv}} \tag{6.18}$$

年初投资费用模型

$$C_{\text{inv}}=R\times\begin{pmatrix}P_{\text{pv}}\times C_{\text{pv}}+P_{\text{gt}}\times C_{\text{gt}}+P_{\text{boiler}}\times C_{\text{boiler}}+P_{\text{gas}}\times C_{\text{gas}}+P_{\text{ex}}\times\\ C_{\text{ex}}+P_{\text{absor}}\times C_{\text{absor}}+P_{\text{ec}}\times C_{\text{ec}}+P_{\text{tst}}\times C_{\text{tst}}+P_{\text{bt}}\times C_{\text{bt}}\end{pmatrix} \tag{6.19}$$

式中：C_{inv}为初投资费用，元；P_{pv}为表示光伏的容量，kVA；P_{gt}为风机的容量；P_{boiler}为余热锅炉的容量；P_{gas}为燃气锅炉的容量；P_{ex}为换热器的容量；P_{absor}为吸收式制冷机的容量；P_{ec}为电制冷机的容量；P_{tst}为蓄热槽的容量；

P_{bt}为换热器的容量；C_{pv}为光伏单位容量初投资费用，元/kW；C_{gt}为风机单位容量初投资费用；C_{boiler}为余热锅炉单位容量初投资费用；C_{gas}为燃气锅炉单位容量初投资费用；C_{ex}为换热器单位容量初投资费用；C_{boiler}为吸收式制冷机单位容量初投资费用；C_{ec}为电制冷机单位容量初投资费用；C_{tst}为蓄热槽单位容量初投资费用；C_{bt}为换热器单位容量初投资费用。

系统年运行费用包括燃气轮机耗能和燃气锅炉补燃所用的费用以及外购电费用。

年运行费用表示为：

$$C_{run}=\sum_{a,b,c}\left\{\sum_{t=1}^{T}\left[E_{buy1,t}\times C_{elec}+(F_{gt1,t}+F_{gas1,t})\times C_{gas}\right]\right\} \tag{6.20}$$

式中：C_{run}为年运行费用，元；C_{gas}为天然气价格，元/m^3；C_{elec}为城市电网的价格，元/kW。

年维护费用模型：

$$C_{serv}=\begin{pmatrix}P_{pv}\times W_{pv}+P_{gt}\times W_{gt}+P_{boiler}\times W_{boiler}+P_{gas}\times W_{gas}+P_{ex}\times \\ W_{ex}+P_{absor}\times W_{absor}+P_{ec}\times W_{ec}+P_{tst}\times W_{tst}+P_{bt}\times W_{bt}\end{pmatrix} \tag{6.21}$$

式中：C_{serv}为联供系统年维修费用，元；W_{pv}为光伏单位容量的维修费用，元/kW；W_{gt}为风机单位容量的维修费用；W_{boiler}为余热锅炉单位容量的维修费用；W_{gas}为燃气锅炉单位容量的维修费用；W_{ex}为换热器单位容量的维修费用；W_{absor}为吸收式制冷机单位容量的维修费用；W_{ec}为电制冷机单位容量的维修费用；W_{tst}为蓄热槽单位容量的维修费用；W_{bt}为换热器单位容量的维修费用。

3)节能性优化目标模型。

在节能性的评价指标中选一次能耗量作为含光伏的CCHP系统目标函数。

$$F_{total}^{CCHP}=\sum_{a,b,c}\sum_{t=1}^{T}(F_{gt1,t}+F_{gas1,t})\times\lambda \tag{6.22}$$

式中，λ为天然气的一次能源转换系数(取为1.047)。

本方案中含PV的CCHP系统的约束条件为：电平衡、冷平衡、热平衡。

(1)电平衡。电能平衡主要由光伏电池、燃气轮机、蓄电池、电网所提供的电能等于园区所需要的电负荷及电制冷机所消耗的电负荷。蓄电池有充、放电两种情况，则电平衡方程有如下两种关系式：

蓄电池放电

$$E_{gt1}+P_{PV}/\eta_{pv}+P_{BT}^{disch}/\eta_{bt}^{disch}=E_{1}+Q_{ec1}/COP_{ec} \tag{6.23}$$

蓄电池充电

$$E_{gt1}+P_{PV}\times\eta_{pv}=E_{l}+Q_{ec1}/COP_{ec}+P_{BT}^{disch}/\eta_{bt}^{disch} \tag{6.24}$$

式中：E_{gt1} 为方案一中燃气轮机的发电量；Q_{ec1} 为方案一联供系统电制冷机的制冷量；E_{l} 为工业园区需求的电负荷。

(2)冷平衡。冷平衡主要由吸收式制冷机和电制冷机提供的满足工业园区建筑冷负荷的需求，冷平衡方程如下所示。

$$Q_{absor1-c}+Q_{ec1}=Q_{lc} \tag{6.25}$$

式中：$Q_{absor1-c}$ 为方案一吸收式制冷机的制冷量；Q_{lc} 为工业园区需求的冷负荷。

3)热平衡。热平衡是由燃气轮机产生的排烟余热、蓄热槽的储热、燃气锅炉补燃制热与吸收式制冷机耗热量及工业园建筑所需热负荷达到平衡状态。以蓄热槽的充放热列写如下热平衡公式。

蓄热槽放热

$$Q_{gt1}+Q_{tst1-dischar}^{disch}+Q_{gas1}=Q_{lh}+Q_{absor1-h} \tag{6.26}$$

蓄热槽蓄热

$$Q_{gt1}+Q_{gas1-1}=Q_{lh}+Q_{absor1-h}+Q_{tst1-char}^{disch} \tag{6.27}$$

式中：Q_{gt1} 为方案一中燃气轮机的制热量；$Q_{tst1-dischar}^{disch}$ 为方案一中蓄热槽的放电量；$Q_{tst1-char}^{disch}$ 为方案一中蓄热槽的蓄电量；Q_{gas1} 为方案一 CCHP 系统中燃气锅炉补燃的制热量；Q_{lh} 为工业园区需求的热负荷；$Q_{absor1-h}$ 为方案一中吸收式制冷机的耗热量。

2. 含光伏、风力的冷热电联供系统

由图 6.3 可知，天然气通入燃气轮机燃烧做功发电，加入光伏和风力发电一起为工业园区提供所需要的电负荷，以及电制冷机所需要的电量。当所发的电量不能满足工业园建筑电负荷需求时，由大电网提供。当发电设备所发的电量有剩余时，将其存入蓄电池。燃气轮机燃烧后排放的高温余热送入余热锅炉中，余热锅炉再将热负荷通入吸收式制冷机和换热器分别进行制冷、制热，吸收式制冷机和电制冷机一起供冷，换热器供热，不足的热能由燃气锅炉补燃提供，多余的热能由蓄热槽储存。

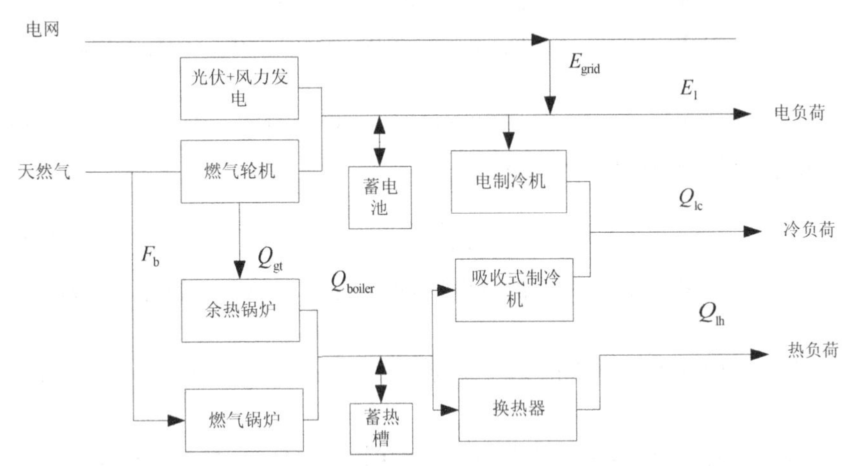

图 6.3　含光伏、风力的 CCHP 系统结构图

含光伏、风力冷热电联系统中各设备的制热量、制冷量、发电量、补燃量同式(6.9)～式(6.16)。该方案的目标函数和约束条件如下所示。

1)环保性优化目标模型。

CO_2 的排放量模型：

$$CO_2^{CCHP} = \sum_{a,b,c} \sum_{t=1}^{T} [\varepsilon_g \times E_{buy2,t} + \varepsilon_P (F_{gt2,t} + F_{gas2,t})] \tag{6.28}$$

式中：$E_{buy2,t}$ 为方案二联供系统 t 时间段购买的电量，kWh；$F_{gas2,t}$ 为方案二联供系统 t 时段的补燃量，m^3。

2)经济性优化目标模型。

年总费用模型

$$C_{cost}^{CCHP} = C_{inv} \times R + C_{run} + C_{serv} \tag{6.29}$$

年初投资费用模型

$$C_{inv} = R \times \begin{pmatrix} P_{wt} \times C_{wt} + P_{pv} \times C_{pv} + P_{gt} \times C_{gt} + P_{boiler} \times C_{boiler} + P_{gas} \times C_{gas} + \\ P_{ex} \times C_{ex} + P_{absor} \times C_{absor} + P_{ec} \times C_{ec} + P_{tst} \times C_{tst} + P_{bt} \times C_{bt} \end{pmatrix} \tag{6.30}$$

系统年运行费用包括燃气轮机耗能、燃气锅炉补燃所产生的费用以及外购电费用。

年运行费用表示为

$$C_{run} = \sum_{a,b,c} \left\{ \sum_{t=1}^{T} [E_{buy2,t} \times C_{elec} + (F_{gt2,t} + F_{gas2,t}) \times C_{gas}] \right\} \tag{6.31}$$

式中：$E_{buy2,t}$ 为方案二系统 t 时段购买的电量，kWh；$F_{gt2,t}$ 为方案二燃气轮机发电时的耗能量，m^3；$F_{gas2,t}$ 为方案二燃气轮机 t 时段的补燃量。

年维护费用模型

$$C_{serv}=\begin{pmatrix}P_{wt}\times W_{wt}+P_{pv}\times W_{pv}+P_{gt}\times W_{gt}+P_{boiler}\times W_{boiler}+P_{gas}\times W_{gas}+\\P_{ex}\times W_{ex}+P_{absor}\times W_{absor}+P_{ec}\times W_{ec}+P_{tst}\times W_{tst}+P_{bt}\times W_{bt}\end{pmatrix}\tag{6.32}$$

3)节能性优化目标模型。在节能性评价指标中选一次能耗量作为含光伏、风力联供系统的优化目标函数。

$$F_{total}^{CCHP}=\sum_{a,b,c}\sum_{t=1}^{T}(F_{gt2}+F_{gss2})\times\lambda\tag{6.33}$$

式中：F_{gt2}为方案二中燃气轮机发电时的耗能量，m^3；F_{gas2}为方案二联供系统燃气锅炉的补燃量，m^3。

本方案中含PV、WT的CCHP系统的约束条件为：电平衡、冷平衡、热平衡。

(1)电平衡。电能平衡主要由光伏发电、风力发电、燃气轮机发电、蓄电池储能、电网所提供的电能等于园区所需要的电负荷及电制冷机所消耗的电负荷。蓄电池有充、放电两种情况，则电平衡方程有如下两种关系式：

蓄电池放电：

$$E_{gt2}+P_{PV}/\eta_{pv}+P_{WT}/\eta_{wt}+P_{BT}^{disch}/\eta_{bt}^{disch}=E_{l}+Q_{ec2}/COP_{ec}\tag{6.34}$$

蓄电池充电：

$$E_{gt2}+P_{PV}/\eta_{pv}+P_{WT}/\eta_{wt}=E_{l}+Q_{ec2}/COP_{ec}+P_{BT}^{disch}/\eta_{bt}^{disch}\tag{6.35}$$

式中：E_{gt2}为方案二燃气轮机的发电量；Q_{ec2}为方案二联供系统电制冷机的制冷量。

(2)冷平衡。冷平衡主要由吸收式制冷机和电制冷机提供制冷量满足园区建筑冷负荷的需求，冷平衡方程如下。

$$Q_{absor2-c}+Q_{ec2}=Q_{lc}\tag{6.36}$$

式中，$Q_{absor2-c}$为方案二中吸收式制冷机的制冷量。

(3)热平衡。热平衡是由燃气轮机产生的排烟余热、蓄热槽的储热、燃气锅炉补燃制热与吸收式制冷机耗热量及工业园建筑所需热负荷达到平衡状态。以蓄热槽的充放热列写如下热平衡公式。

蓄热槽放热：

$$Q_{gt1-2}+Q_{tst2-dischar}^{disch}+Q_{gas2}=Q_{lh}+Q_{absor2-h}\tag{6.37}$$

蓄热槽蓄热：

$$Q_{gt1-2}+Q_{gas2-char}=Q_{lh}+Q_{absor2-h}+Q_{tst2}^{disch} \tag{6.38}$$

式中：Q_{gt2}为方案二燃气轮机的余热量；$Q_{tst2-dischar}^{disch}$为方案二蓄热槽的释放的电量；$Q_{tst2-char}^{disch}$为方案二中蓄热槽存储的电量；Q_{gas2}为方案二联供系统燃气锅炉补燃的制热量；$Q_{absor2-h}$为方案二联供系统吸收式制冷机的耗热量。

3. 常规冷热电联供系统

常规的三联供系统如图 6.4 所示。园区中建筑所需的电负荷主要由燃气轮机发电提供，不足的电量需向大电网购电，当燃气轮机的发电量超出电负荷需求时，多余的电量由蓄电池存储。燃气轮机燃烧后排放的高温烟气送入余热锅炉中，然后分别将余热量通入吸收式制冷机和换热器进行制冷、制热，吸收式制冷机和电制冷机一起供冷，换热器供热，不足的热能由燃气锅炉补燃提供，多余的热能由蓄热槽储存。

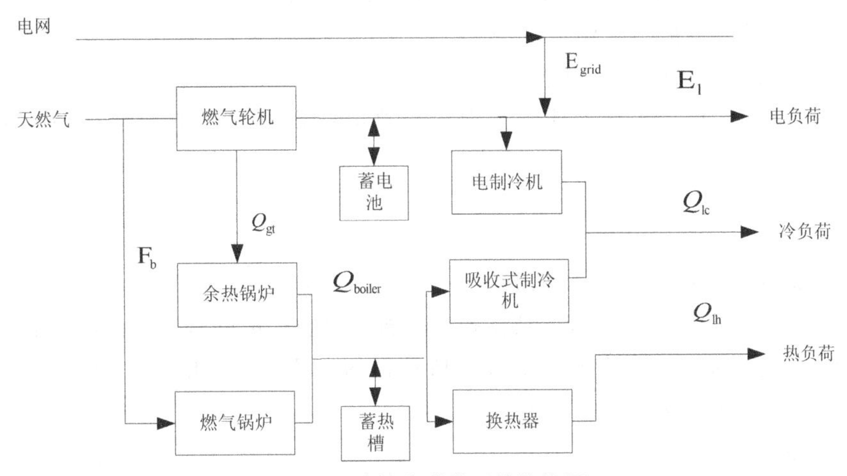

图 6.4　冷热电联供系统结构图

常规冷热电联系统中各设备的制热量、制冷量、发电量、补燃量同公式(6.9)～(6.16)。根据系统评价指标，建立该方案的优化目标函数和对应的约束条件。

1)环保性优化目标模型。

CO_2 的排放量模型

$$CO_2^{CCHP}=\sum_{a,b,c}\sum_{t=1}^{T}\left[\varepsilon_g\times E_{buy3,t}+\varepsilon_P\left(F_{gt3,t}+F_{gas3,t}\right)\right] \tag{6.39}$$

式中：$E_{buy3,t}$为方案三联供系统 t 时段购买的电量，kWh；$F_{gt3,t}$为方案三燃气轮机发电时的耗能量，kW；$F_{gas3,t}$为方案三联供系统燃气锅炉 t 时段的补燃量。

2)经济性优化目标模型。

年总费用模型

$$C_{\text{cost}}^{\text{CCHP}}=C_{\text{inv}}\times R+C_{\text{run}}+C_{\text{serv}} \tag{6.40}$$

年初投资费用模型

$$C_{\text{inv}}=R\times\begin{pmatrix}P_{\text{gt}}\times C_{\text{gt}}+P_{\text{boiler}}\times C_{\text{boiler}}+P_{\text{gas}}\times C_{\text{gas}}+P_{\text{ex}}\times C_{\text{ex}}+\\P_{\text{absor}}\times C_{\text{absor}}+P_{\text{ec}}\times C_{\text{ec}}+P_{\text{tst}}\times C_{\text{tst}}+P_{\text{bt}}\times C_{\text{bt}}\end{pmatrix} \tag{6.41}$$

系统年运行费用包括燃气轮机耗能和燃气锅炉补燃的费用以及外购电费用。

年运行费用表示为

$$C_{\text{run}}=\sum_{a,b,c}\left\{\sum_{t=1}^{T}\left[E_{\text{buy3},t}\times C_{\text{elec}}+(F_{\text{gt3},t}+F_{\text{gas3},t})\times C_{\text{gas}}\right]\right\} \tag{6.42}$$

年维护费用模型：

$$C_{\text{serv}}=\begin{pmatrix}P_{\text{gt}}\times W_{\text{gt}}+P_{\text{boiler}}\times W_{\text{boiler}}+P_{\text{gas}}\times W_{\text{gas}}+P_{\text{ex}}\times W_{\text{ex}}+\\P_{\text{absor}}\times W_{\text{absor}}+P_{\text{ec}}\times W_{\text{ec}}+P_{\text{tst}}\times W_{\text{tst}}+P_{\text{bt}}\times W_{\text{bt}}\end{pmatrix} \tag{6.43}$$

3)节能性优化目标模型。

本方案选一次能耗量作为常规冷热电联供系统节能性指标的目标函数。

$$F_{\text{total}}^{\text{CCHP}}=\sum_{a,b,c}\sum_{t=1}^{T}(F_{\text{gt3},t}+F_{\text{gas3},t})\times\lambda \tag{6.44}$$

常规 CCHP 联供系统的约束条件：电平衡、冷平衡、热平衡。

1)电平衡。电能平衡主要由燃气轮机、蓄电池、电网所提供的电能需等于园区所需要的电负荷及电制冷机所消耗的电负荷。蓄电池有充、放电两种情况，则电平衡方程有如下两种关系式。

蓄电池放电：

$$E_{\text{gt3}}+P_{\text{BT}}^{\text{disch}}/\eta_{\text{bt}}^{\text{disch}}=E_{\text{l}}+Q_{\text{ec3}}/COP_{\text{ec}} \tag{6.45}$$

蓄电池充电：

$$E_{\text{gt3}}=E_{\text{l}}+Q_{\text{ec3}}/COP_{\text{ec}}+P_{\text{BT}}^{\text{disch}}/\eta_{\text{bt}}^{\text{disch}} \tag{6.46}$$

式中：E_{gt3}为方案三中的燃气轮机发电量；Q_{ec3}为方案三联供系统电制冷机的制冷量。

2)冷平衡。冷平衡主要由吸收式制冷机和电制冷机提供制冷量满足园区建筑冷负荷的需求，冷平衡方程如下：

$$Q_{\text{absor3-}c}+Q_{\text{ec3}}=Q_{\text{lc}} \tag{6.47}$$

式中，$Q_{\text{absor3-}c}$为方案三中吸收式制冷机的制冷量。

3)热平衡。热平衡是指由燃气轮机产生的排烟、蓄热槽的充放热、燃气锅炉补燃产生的热能等于吸收式制冷机的耗热能与园区所需的热能达到平衡状态。根据蓄热槽的充、放热两种情况，则热平衡方程有如下两种关系式。

蓄热槽放热：

$$Q_{gt3}+Q_{tst3-dischar}^{disch}+Q_{gas3}=Q_{lh}+Q_{absor3\text{-}h} \tag{6.48}$$

蓄热槽蓄热：

$$Q_{gt3}+Q_{gas3}=Q_{lh}+Q_{absor3\text{-}h}+Q_{tst3\text{-}char}^{disch} \tag{6.49}$$

式中，Q_{gt3} 为方案三中燃气轮机的制热量；$Q_{tst3\text{-}dischar}^{disch}$ 为方案三中蓄热槽的放电量；$Q_{tst3\text{-}char}^{disch}$ 为方案三中蓄热槽的蓄电量；Q_{gas3} 为方案三联供系统中燃气锅炉的补燃量；$Q_{absor3\text{-}h}$ 为方案三中吸收式制冷机的耗热量。

6.3 分供系统

传统的分供系统供能比较单一、分散，容易造成能源的浪费，在这里主要用于和联供系统作对比。园区建筑电负荷主要取自大电网，冷负荷需求主要由电制冷机制冷提供，热负荷需求主要由燃气锅炉补燃后通入换热器经换热制取的热量来供能。

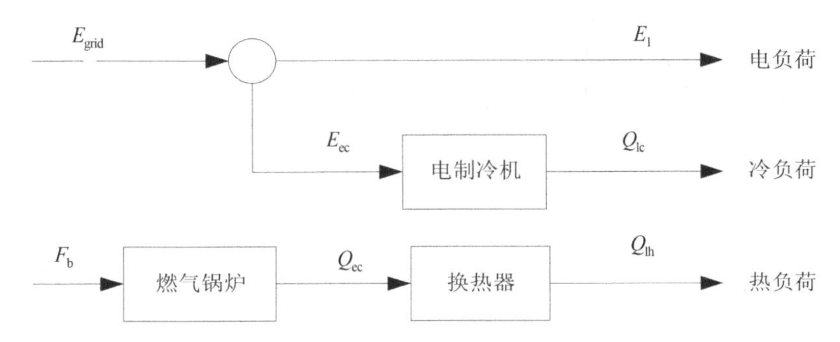

图 6.5 分供系统供能结构图

分供系统电制冷机的制冷量如公式(6.50)所示：

$$Q_{lc}=E_{ec2}\times COP_{ec} \tag{6.50}$$

式中，E_{ec2} 为分供系统电制冷机的耗电量。

分供系统燃气锅炉的补燃量和制热量如式(6.51)、(6.52)所示：

$$F_{gas2}=\frac{P_{gas2}\times 3600}{\eta_{gas}\times LHV_{ng}} \tag{6.51}$$

$$Q_{gas2}=F_{gas2}\times\eta_{gas}\times LHV_{ng} \tag{6.52}$$

式中：F_{gas2} 为分供系统燃气锅炉的补燃量；LHV_{ng} 取为 35579.7kJ/m³；P_{gas2} 为分供系统燃气锅炉的容量。

由公式(6.52)可得热交换设备的制热量：

$$Q_{lh}=(Q_{gas2}\times\eta_{gas})\times\eta_{ex} \tag{6.53}$$

分供系统的多目标函数如下所示。

1)环保性优化目标模型。

CO_2 的排放量：

$$CO_2=\varepsilon_g\sum_{a,b,c}\sum_{t=1}^{T}(E_{l,t}+E_{ec2,t})+\varepsilon_p\sum_{a,b,c}\sum_{t=1}^{T}F_{gas2,t} \tag{6.54}$$

2)经济性优化目标模型。

年总费用：

$$C_{total}^{SUB}=C_{inv}\cdot R+C_{run}+C_{service} \tag{6.55}$$

年初投资费用模型：

$$C_{inv}=R\times(P_{gas}\times C_{gas}+P_{ex}\times C_{ex}+P_{ec}\times C_{ec}) \tag{6.56}$$

系统年运行成本包括燃气锅炉补燃的耗能成本以及外购电成本。

年运行费用表示为：

$$C_{run}=\sum_{a,b,c}\left\{\sum_{t=1}^{T}[(E_{l,t}+E_{ec2,t})\times C_{elec}+F_{gas2,t}\times C_{gas}]\right\} \tag{6.57}$$

年维护费用模型：

$$C_{serv}=(P_{gas}\times W_{gas}+P_{ex}\times W_{ex}+P_{ec}\times W_{ec}) \tag{6.58}$$

3)节能性优化目标模型。

分供系统总的能耗量等于燃气锅炉的耗能量。

$$F_{total}^{SUB}=F_{gas2} \tag{6.59}$$

分供系统的约束条件为：电平衡、冷平衡、热平衡。

电平衡：

$$E_{buy}=E_l+E_{ec2} \tag{6.60}$$

冷平衡：

$$Q_{ec2}=Q_{lc} \tag{6.61}$$

热平衡：

$$Q_{ex2}=Q_{lh} \tag{6.62}$$

6.4　联供系统优化配置求解

6.4.1　联供系统优化配置求解过程

本文中的光伏、风力及储能设备不参与优化，蓄电池作为改善微电网电能质量和可靠性的电源，其额定容量设为2250kW，蓄热槽起到削峰填谷的作用，额定容量取为1400kW。蓄电池充、放电效率均取为1，蓄热槽的充、放热效率均取为0.8。本文主要对联供系统各子设备的容量及台数优化求解，本文的智能优化算法为混沌粒子群算法，优化的具体对象为燃气轮机容量P_{gt}、余热锅炉容量P_{boiler}、燃气锅炉容量P_{gas}、吸收式制冷机容量P_{absorb}、电制冷机容量P_{ec}及各设备的台数n。具体优化流程如图6.6所示。

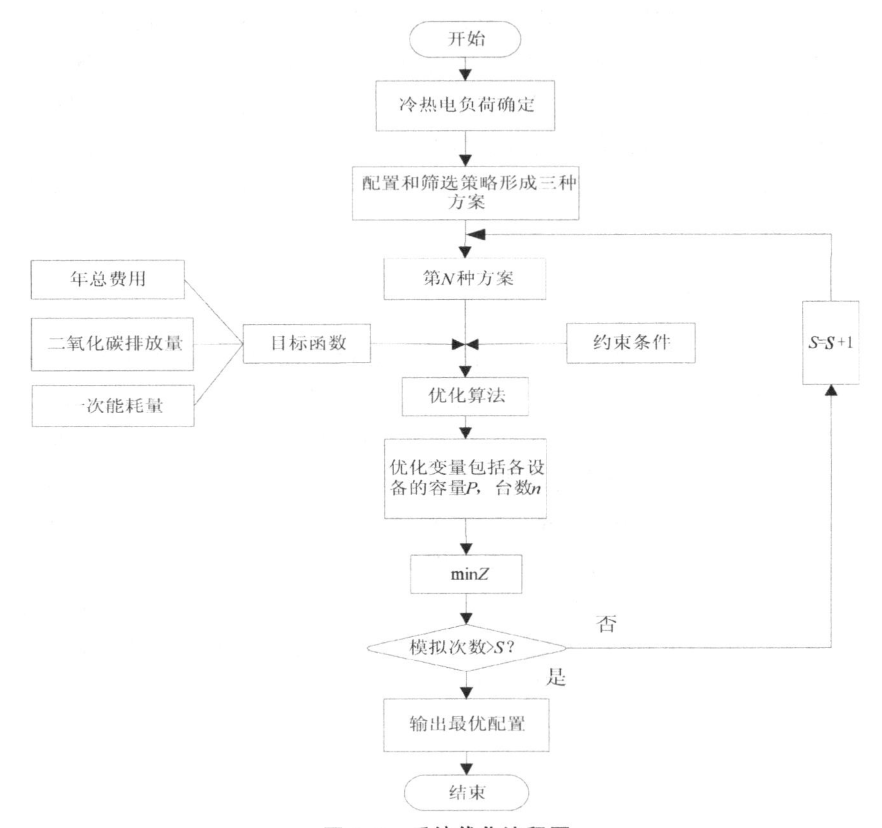

图6.6　系统优化流程图

6.4.2 算例分析

1. 模拟软件介绍

由于三联供系统中的各类负荷的逐时数据影响着该系统设计的原则、方案的配置、对应的运行策略，因此需要通过能耗软件模拟出工业园全年逐时冷、热、电负荷的精确数值，这是CCHP系统优化配置的根本。目前来讲，国外研究模拟逐时负荷软件的时间负荷较早，种类较多，如Energy Plus、DOE-2。国内目前是由清华大学开发的DeST软件，进行建筑物负荷测算分析[135]。但DeST软件不够成熟，一般适用于住房和商用房建筑的负荷测算，对于高层建筑测算时长较长；而DOE-2界面不友好，对使用者要求高，一般用于对各种住房建筑及商用房建筑的负荷测算；Energy Plus主要应用在加入光伏设计的方案中以及各类建筑负荷模拟及其他相关性能的研究。在该软件进行负荷测算时，需要大量的参数设置，如工业园的地理信息、建筑资料信息、气象条件以及人员、设备、灯光的作息时间等，它相对其他软件来说是最具有广阔发展前景的新一代负荷测算软件，但是它的软件测算页面较难操作[136]。本文运用Energy Plus软件对工业园区中各类建筑的冷、热、电逐时负荷进行模拟。

2. 园区的基本情况

以郑州航空港工业园区为算例进行计算，郑州航空港工业园属于国家经济试验区，位于东经113°40′，北纬34°30′～34°34′，全年的平均气温为14.3℃，7月为一年中最热的时间段，平均温度可达27℃，1月最冷，平均温度为0.1℃，全年太阳光照时间为2400h，年平均风速为2.1m/s。核心区航空港区为34.93km^2，主要包括医疗保健、商务休闲、教育培训、办公、高端居住及其他配套设施等。医疗建筑范围为5.6km^2，商务休闲建筑范围为3km^2，教育培训建筑范围为5.4km^2，办公建筑范围为4.35km^2，高端居住建筑范围为6.8km^2，其他配套设施为9.78km^2。航空工业园区的部分实景图、鸟瞰图、规划图如图6.7、图6.8、图6.9所示。

图 6.7　郑州航空港实景图

图 6.8　郑州航空港鸟瞰图

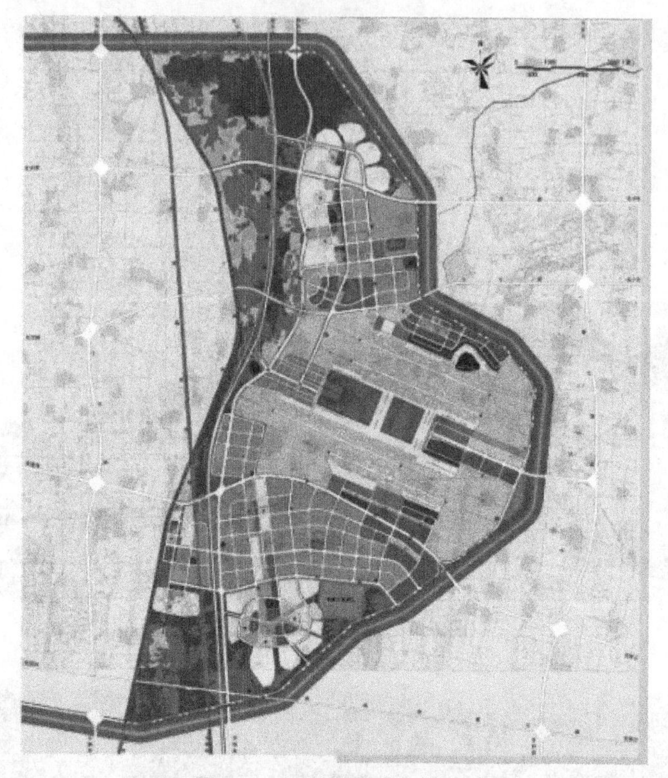

图 6.9　郑州航空港规划图

根据郑州的气候分布条件，将全年分为冬季采暖、夏季制冷和春秋过渡季三种运行时段，建筑各季节的运行小时数见表 6.1，建筑模拟相关参数设置主要根据公共建筑节能设计标准和基本使用情况来确定，见表 6.2。

表 6.1　各季节运作时间

季节	周期	天数/d	日运作时间/h	实际运作时间/h
冬季	11 月 15 日～3 月 15 日	120	24	2880
夏季	5 月 25 日～9 月 15 日	110	24	2640
过渡季	3 月 16 日～5 月 24 日 9 月 16 日～11 月 14 日	135	24	3240
全年	—	365	—	8760

表 6.2　建筑模拟的相关参数

围护结构参数	外墙传热系数	1.7W/(m²·K)
	楼板传热系数	2.929W/(m²·K)
	屋顶传热系数	1.26W/(m²·K)
	玻璃窗传热系数	6.4W/(m²·K)
	遮阳系数	0.8
室内设备设计参数	按《全国民用建筑工程设计技术措施》取值	
职员、照明、设备起停	照明开关时间表、房间人员在室率、电气设备逐时使用率按 GB50189－2015《公共建筑节能设计标准》	

3. 负荷模拟

由模拟软件测得的工业园建筑冷、热、电全年逐时负荷如图 6.10 所示，夏季、冬季、过渡季典型日的逐时负荷如图 6.11、图 6.12、图 6.13 所示。

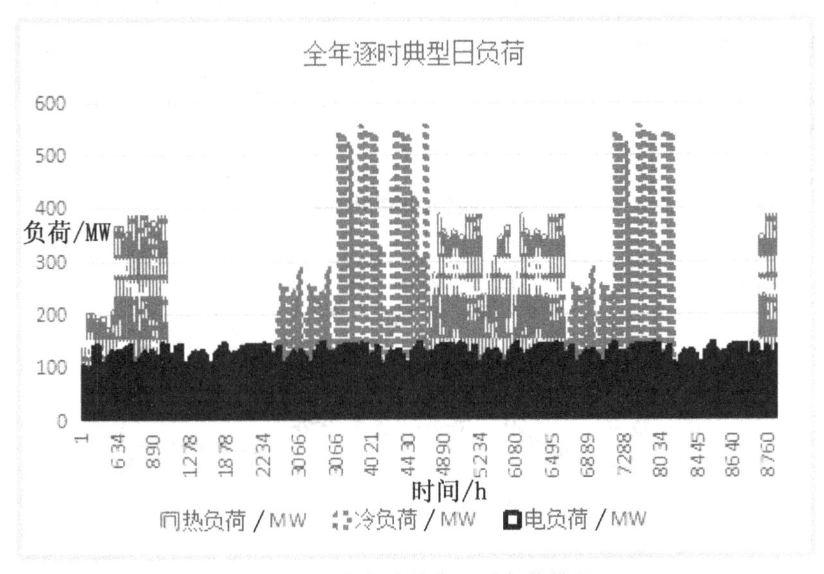

图 6.10　全年冷热电逐时负荷模拟

由图 6.10 知，电负荷全年负荷分布比较均匀，不存在季节性，大概分布在 100MW，而冷、热负荷则存在较大的季节性特征，其主要出现在冬季，全年的热负荷情况大概分布在 200MW～400MW。而冷负荷主要出现在夏季，此时冷负荷大概分布在 280MW～580MW。

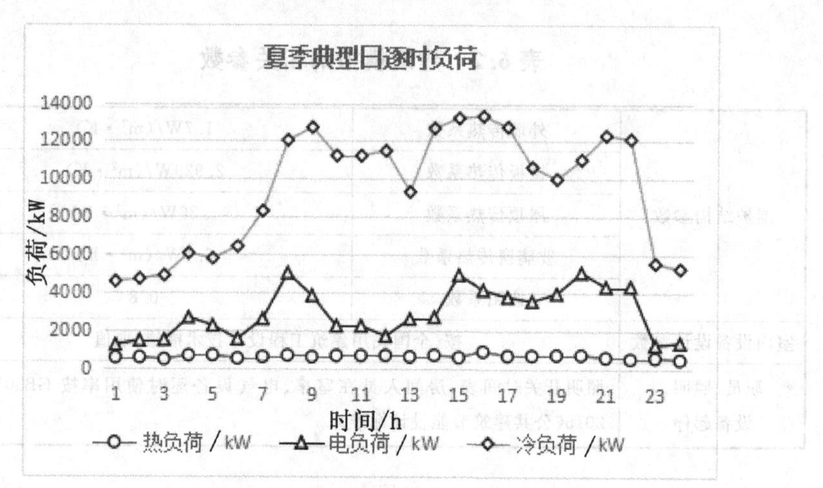

图 6.11　夏季典型日逐时负荷模拟

由图 6.11 可知，夏季工业园建筑需求负荷主要为冷负荷，一般在 0:00～6:00 时段冷负荷需求相对来说较低，上午 7:00～10:00、下午 14:00～16:00、晚间 20:00～22:00 这三个时间段为冷负荷需求量最大，最高可达 13000kW 以上。夏季的热负荷一般为热水负荷，相对来说较少，大概在 650kW 左右。电负荷波动不大，基本在白天用电量基本维持在 4000kW 左右，在夜间由于一些用电设备停止运行，用电量相比于白天有所下降，基本维持在约 1000kW。

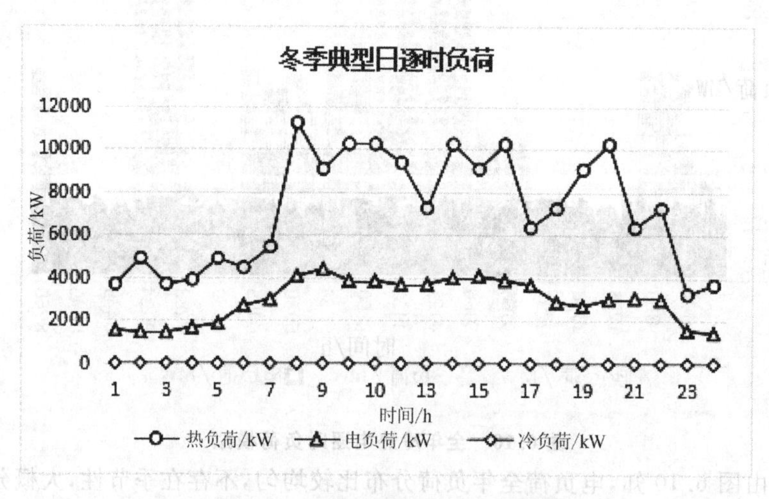

图 6.12　冬季典型日逐时负荷模拟

冬季工业园区中建筑负荷主要是热需求，由图 6.12 可知，在 0:00—6:00时间段内的热负荷是最低的，7:00—17:00 和晚上 19:00—22:00 这两个时间段内的热负荷是最高的。在高峰期时的热负荷可以达到 11000kW

以上。冬季一天 24h 没有冷负荷需求，电负荷相对于夏季来讲相对平稳，一天 24h 基本电负荷在 1500～4300kW。

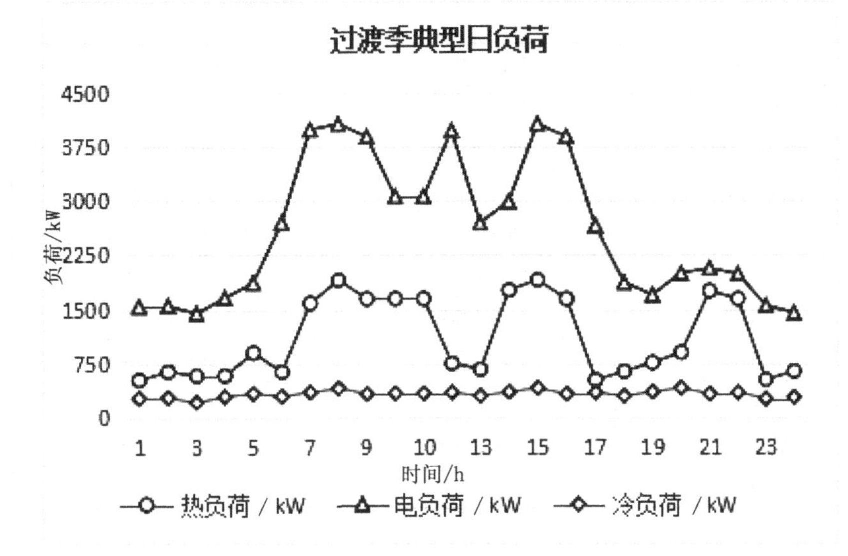

图 6.13 过渡季典型日逐时负荷模拟

图 6.13 为园区过渡季典型日逐时负荷曲线，在过渡季热、冷负荷的需求量相比于冬、夏季负荷需求量大为下降。在过渡季热负荷的需求量主要以电负荷为主，一般在上班时间段和晚上 20:00—22:00 需求量较大。一天 24h 园区的冷负荷需求量基本稳定在 400kW 上下。但是电负荷的需求在过渡季和冬、夏季没有明显差别。在 0:00—6:00 时段冷负荷需求是最低的，上午 7:00—10:00、下午 14:00—16:00、晚间 20:00—22:00 这三个时段为电需求量最大，此时电负荷可达 4000kW 以上。

综上所述，由上述三个典型季的典型日逐时负荷模拟可知，工业园建筑的冷热负荷在冬、夏季分布不均匀，需要采用最优的配置来对它进行冷、热、电负荷的分配，达到供需均衡。

6.4.3 优化配置结果

1. 设备参数的取值

在实际的计算中需要用到的各数据的参数取值如下：$n=15$(光伏寿命周期取为 25 年，风力的寿命周期取为 20 年，其他所有设备的寿命周期均取 15 年)；设备的单位初投资、维修成本及其他参数见表 6.3，各能源价格见表 6.4。

表 6.3　各设备的单位容量初投资成本及维修成本

名称	初投资成本	维修成本
光伏电池	13000 元/kW	0.0001 元/kWh
风力发电机组	5600 元/kW	5000/台
蓄电池	7 元/Ah	0.025 元/kWh
燃气轮机	6800 元/kW	0.0768 元/kWh
余热锅炉	200 元/kW	0.00216 元/kWh
换热器	950 元/kW	0.00216 元/kWh
电制冷机	970 元/kW	0.0097 元/kWh
吸收式制冷机	1270 元/kW	0.0008 元/kWh
燃气锅炉	200 元/kW	0.00216 元/kWh
蓄热槽	500 元/kW	0.003 元/kWh

表 6.4　各能源价格

名称	高峰时段 7:00—11:00 14:00—17:00	平段时段 12:00—13:00 18:00—22:00	低谷时段 23:00—6:00
天然气价/(元/m³)	3.3	2.5	1.8
购电电价/(元/kW)	1.180	0.769	0.409

2.优化结果分析

以下分析了混沌粒子群优化算法对冷热电联供系统优化配置的结果，并以粒子群算法做对比，得出该算法的可行性。

方案一：燃气轮机＋光伏＋蓄电池＋余热锅炉＋换热器＋吸收式制冷机＋电制冷机＋燃气锅炉＋蓄热槽

由图 6.14 比较可以看出 CPSO 优化算法得到的目标函数值为 0.11，PSO 优化算法得到的目标函数值为 0.15，经比较可知 CPSO 优化算法优于 PSO 算法。由 CPSO 算法对方案一进行优化，可以得到各设备的容量和台数，见表 6.5。

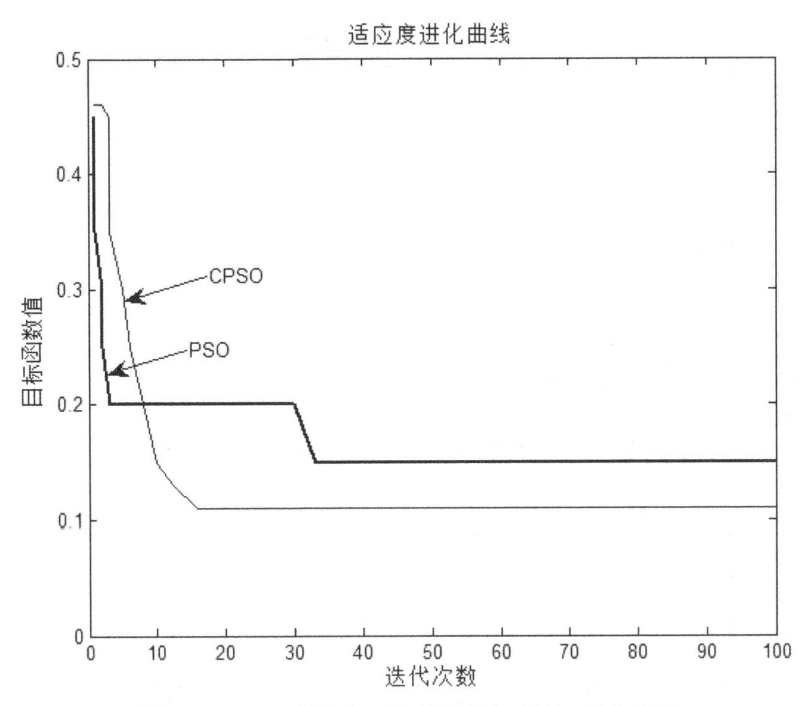

图6.14 CPSO算法和PSO算法优化方案一的曲线图

表6.5 方案一各设备优化结果

名称	台数/台	容量/kW
燃气轮机	2	9427.5
余热锅炉	2	6385
吸收式制冷机	2	4453
电制冷机	1	4032
换热器	1	3119
燃气锅炉	1	3603

方案二:燃气轮机+光伏+风力+蓄电池+余热锅炉+换热器+吸收式制冷机+电制冷机+燃气锅炉+蓄热槽

由图6.15得,经CPSO优化算法优化得到的目标函数值为0.5,PSO优化算法得到的目标函数值为0.8,经比较可知,CPSO优化算法优于PSO算法。由CPSO算法对方案二进行优化,可以得到各设备的容量和台数,见表6.6。

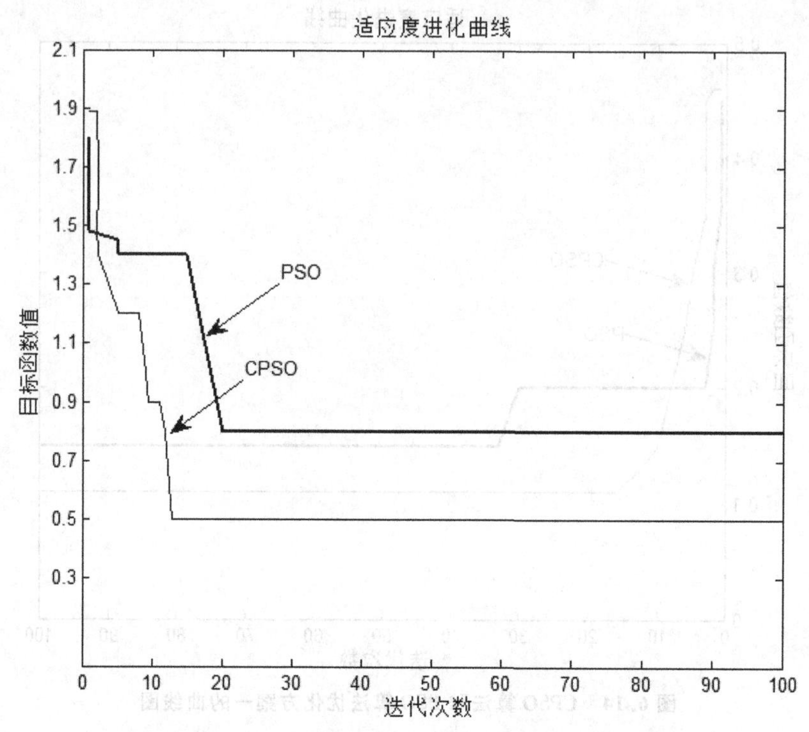

图 6.15 CPSO 算法和 PSO 算法优化方案二的曲线图

表 6.6 方案二中各设备的优化结果

名称	台数	容量/kW
燃气轮机	2	8850.98
余热锅炉	2	4019
吸收式制冷机	1	3096
电制冷机	1	4926
换热器	2	2537
燃气锅炉	1	3603

方案三:燃气轮机＋蓄电池余热锅炉＋换热器＋吸收式制冷机＋电制冷机＋燃气锅炉＋蓄热槽

由图 6.16 得出,经 CPSO 优化算法优化得到的目标函数值为 0.3,PSO 优化算法得到的目标函数值为 0.82,经比较可知,CPSO 优化算法优于 PSO 算法。由 CPSO 算法对方案三进行优化,可以得到各设备的容量和台数,见表 6.7。

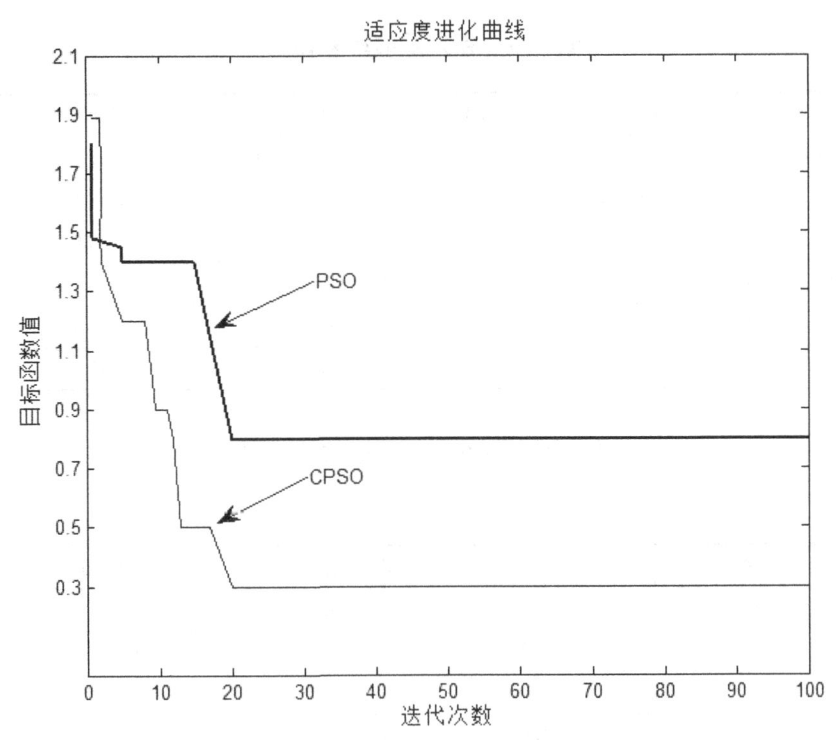

图6.16 CPSO算法和PSO算法优化方案三的曲线图

表6.7 方案三中各设备的优化结果

名称	台数	容量/kW
燃气轮机	4	13346
余热锅炉	2	4019
吸收式制冷机	1	5459
电制冷机	3	3829
换热器	1	4507
燃气锅炉	2	3603

综上所述，通过运用混沌粒子群算法对不同方案的优化比较得出各设备的容量和台数。经计算得出各分目标函数的年总成本、CO_2排放量、一次能耗量的结果见表6.8、表6.9。

表 6.8　各方案的结果比较

名称	方案一	方案二	方案三	分供系统
F_{total}/m³	557645.16	550586.46	687336.03	967795.64
C_{inv}/万元	8447.27	8880.69	8430.93	10519.19
C_{run}/万元	207.09	214.16	212.08	225.25
C_{serve}/万元	11.3	16.05	10.45	10.25
C_{total}/万元	8665.66	9110.9	8653.46	10754.69
CO_2/t	152.2	143.6	188.2	199

表 6.9　各方案总目标结果比较

名称	年总费用/万元	一次能耗量/m³	CO_2 排放量/t
方案一	8665.66	557645.16	143.6
方案二	9110.9	550586.46	152.2
方案三	8653.46	587336.03	188.3
分供系统	10754.69	967795.64	299

由表 6.8、表 6.9 所示，在联供系统的方案中，方案一的年总费用为8665.66万元，包括设备全年的初投资成本为 8447.27 万元，年运行成本 207.09 万元，年维修成本为 11.3 万元。方案二的年总费用为 9110.9 万元，包括系统的年初投资成本 8880.69 万元，年运行成本 212.16 万元，年维修成本为 16.05 万元。方案三的总费用为 8655.46 万元，包括系统的年初投资成本为 8430.93 万元，年运行成本 214.08 万元，年维修成本为 10.45 万元。这三种方案的年总花费的顺序为:方案二＞方案一＞方案三。其中，初投资成本和运行维护成本方案二也均是最高的。分供系统的年总费用为10754.69 万元，初投资成本为 10519.19 万元，运行成本为 225.25 万元，维修成本为 10.25 万元。相比于分供系统来说，联供系统各方案的年总费用比分供系统分别节省 19.4%、15.3%、19.5%。

另外两个评价指标为 CO_2 排放量和一次能耗量，联供系统中方案一的 CO_2 排放量为 143.6t，一次能耗量为 557645.16m³，方案二中 CO_2 排放量为 152.2t，一次能耗量为 550586.46m³，方案三中 CO_2 排放量为188.3t，一次能耗量为 687336.03m³。分供系统中 CO_2 排放量为 199t，一次能耗量为 967795.64m³。分供系统中 CO_2 排放量比联供系统多，主要因为购电量所产生的CO_2排放量占主要成分。方案一中联供系统的能耗量相比于分供系统节约为42.4%,CCHP系统的CO_2排放量较分供系统的减排率为52%,方案二中联供系统的能耗量相比于分供系统节约为43.1%,联供系统的CO_2排放量较分供系统的减排率为49.1%,方案三中联供系统的能耗量相比于分供系统节约为39.3%,联供系统的CO_2排放量较分供系统的减排率为37%。综上所述,方案一更优。

6.5 小结

本章主要是对工业园区优化配置进行研究,首先,针对工业园区选取了最合适的优化算法为混沌粒子群优化算法,通过模糊综合理论分析,经专家打分法得出各指标权重系数,把复杂的多目标转化为单目标求解。研究了在传统三联供系统中加入可再生能源光伏、风力的方案,针对不同的方案建立了对应系统的优化目标函数模型,列写了对应系统的约束条件。然后,针对算例模拟园区三联供年逐时冷、热、电负荷以及典型日冬、夏、过渡季逐时负荷,分析冷、热、电负荷的分布情况,运用混沌粒子群优化算法对三种方案进行容量和设备运行参数优化,并和分供系统作比较,最后得出符合该工业园区的优化方案,并进行合理的容量和设备运行参数配置。

第7章 工业园区CCHP系统优化运行研究

7.1 引言

前面研究了CCHP的配置情况，经优化得到最优方案及各设备容量和台数，在优化配置的前提下合理的运行模式使工业园区在冬季、夏季和过渡季三个时段的典型日中设备的出力情况得到有效分配。本文优化运行的组成设备为燃气轮机、光伏电池、蓄电池、吸收式制冷机、电制冷机、余热锅炉、燃气锅炉、蓄热槽，如图7.1所示。

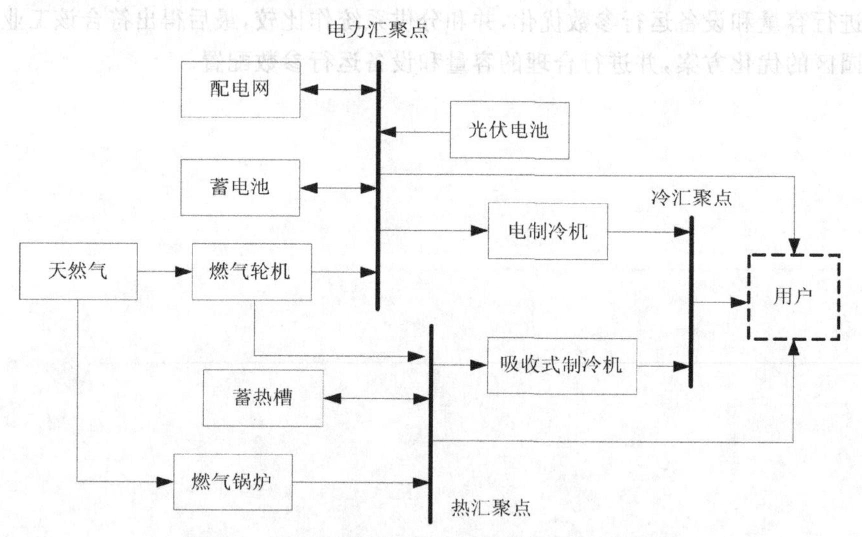

图7.1 接入光伏的CCHP系统优化运行系统图

7.2　多目标优化运行

7.2.1　优化运行模型

根据最优方案一，建立该系统的以年总费用、CO_2 排放量及一次能耗量均最少为目标函数的多目标优化问题。该优化问题以典型日为一个优化周期。建立年总费用的目标函数：

$$\begin{aligned}\min f_{cost} = C_{cost}^{CCHP} &= C_{inv} \times R + C_{run} + C_{serv} \\ &= P_{pv} \times (R \times C_{pv} + W_{pv}) + P_{gt} \times (R \times C_{gt} + W_{gt}) + \\ &\quad P_{boiler} \times (R \times C_{boiler} + W_{boiler}) + P_{gas} \times (R \times C_{gas} + W_{gas}) + \\ &\quad P_{ex} \times (R \times C_{ex} + W_{ex}) + P_{absor} \times (R \times C_{absor} + W_{absor}) + \\ &\quad P_{ec} \times (R \times C_{ec} + W_{ec}) + P_{tst} \times (R \times C_{tst} + W_{tst}) + \\ &\quad P_{bt} \times (R \times C_{bt} + W_{bt}) + \\ &\quad \sum_{a,b,c} \left\{ \sum_{t=1}^{T} [E_{buy,t} \times C_{elec} + (F_{gt,t} + F_{b,t}) \times C_{gas}] \right\}\end{aligned} \tag{7.1}$$

CO_2 排放的目标函数

$$\min f_{CO_2} = CO_2^{CCHP} = \sum_{a,b,c} \sum_{t=1}^{T} [\varepsilon_g \times E_{buy,t} + \varepsilon_P (F_{gt,t} + F_{b,t})] \tag{7.2}$$

一次能耗量的目标函数

$$\min f_{energy} = F_{total}^{CCHP} = \sum_{a,b,c} \sum_{t=1}^{T} (F_{gt,t} + F_{b,t}) \times \lambda \tag{7.3}$$

总目标函数

$$\begin{aligned}\min Z &= \omega_1 f_{CO_2} + \omega_2 f_{cost} + \omega_3 f_{energy} \\ &= 0.345 f_{CO_2} + 0.314 f_{cost} + 0.341 f_{energy}\end{aligned} \tag{7.4}$$

7.2.2　系统在不同权重系数下的对比分析

根据系统优化配置的情况，分析得出系统的年运行费用、CO_2 排放量和一次能耗量均最少，由前章节得到的各分目标函数的权重系数为 0.345、0.314、0.341，经研究知不同的权重分配会对系统产生不同的影响，对比分析见表 7.1。

表 7.1　不同权重系数的结果比较

运行策略	权重系数	典型日	年总费用		CO_2 排放量		一次能耗量	
			总费用/万元	节约率/%	排放量/t	节约率/%	能耗量/m^3	节约率/%
联供系统	$\omega_1=0.345$	夏季	8665.66	19.42	50.52	55.30	186080.63	42.33
	$\omega_2=0.314$	冬季			47.87	51.97	185881.72	42.38
	$\omega_3=0.341$	过渡季			45.23	47.59	185682.81	42.43
联供系统	$\omega_1=1/3$	夏季	8670.09	19.38	50.97	54.91	186121.88	42.31
	$\omega_2=1/3$	冬季			48.32	51.52	185972.17	42.35
	$\omega_3=1/3$	过渡季			46.17	46.50	185711.90	42.42
分供系统	—	夏季	10754.69	—	113.03	—	322660.45	—
		冬季			99.67	—	322598.54	—
		过渡季			86.30	—	322536.65	—

由表 7.1 可以看出联供系统中两种权重系数在冬季、夏季、过渡季中的年总费用、CO_2 排放量及一次能耗量的情况。在权重系数为 0.345、0.314、0.341 时年总费用节约率为 19.42%，比权重系数均取为 1/3 时年总费用节约率为 19.38%，要节省 0.04%。计算得出的权重系数下联供系统 CO_2 排放量在夏季比分供系统节约 55.30%，权重系数均取为 1/3 时联供系统 CO_2 排放量在夏季比分供系统节约 54.91%，前者比后者节约0.39%；在文中计算得出的权重系数下联供系统 CO_2 排放量在冬季比分供系统节约 51.97%，权重系数均取为 1/3 时联供系统 CO_2 排放量在冬季比分供系统节约 51.52%，前者比后者节约 0.45%；在计算得出的权重系数下联供系统 CO_2 排放量在过渡季比分供系统节约 47.59%，权重系数均取为 1/3 时联供系统 CO_2 排放量在过渡季比分供系统节约 46.50%，前者比后者节约1.09%。在文中计算得出的权重系数下联供系统一次能耗量在夏季比分供系统节约 42.33%，权重系数均取为 1/3 时联供系统一次能耗量在夏季比分供系统节约 42.31%，前者比后者节约 0.02%；在文中计算得出的权重系数下联供系统一次能耗量在冬季比分供系统节约 42.38%，权重系数均取为 1/3 时联供系统一次能耗量在冬季比分供系统节约 42.35%，前者比后者节约0.03%；在文中计算得出的权重系数下联供系统一次能耗量在过渡季比分供系统节约 42.43%，权重系数均取为 1/3 时联供系统一次能耗量在过渡季比分供系统节约 42.42%，前者比后者节约 0.01%。通过比较可以看出，由专家打分法所确定的权重系数直接取为 1/3 更为合理。

7.3 典型日运行策略分析

根据CCHP系统的工作运行原理，将方案一冬季、夏季、过渡季各季节的运行策略进行如下分析。

7.3.1 夏季运行策略

方案一为加入光伏发电的CCHP系统，如图7.2所示。在夏季供电运行策略中23:00—次日5:00为电负荷需求最小的时间段，由于光伏发电的间歇性，在此时段的电能由燃气轮机发电提供。在7:00—10:00，14:00—17:00为工作时段，用电量最大，此时光伏发电为最佳时段，一天的最高发电量为1090kW，一天的最大供电量600kW，多余的发电量有蓄电池储存，该时段工业园区建筑的电负荷由光伏发电和燃气轮机发电；在11:00—13:00时段的需求相对较低，主要以光伏发电为主；在18:00—22:00主要为住宅、休闲场所用电区，由于夜间光伏停止发电，园区的电能主要由燃气轮机和蓄电池放电提供。

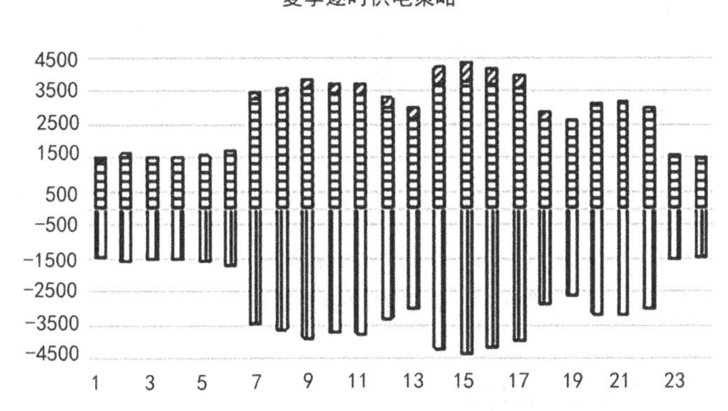

图7.2 夏季逐时供电运行策略

图7.3为夏季供冷运行策略，在8:00—10:00，14:00—17:00，19:00—22:00这三个时间段是工业园区建筑冷负荷需求最高的，可以达到4000kW以上，此时的冷负荷主要由余热制冷和补燃制冷提供冷负荷的需求。在其

他冷负荷较低时间段，主要余热制冷提供园区需要的冷负荷。

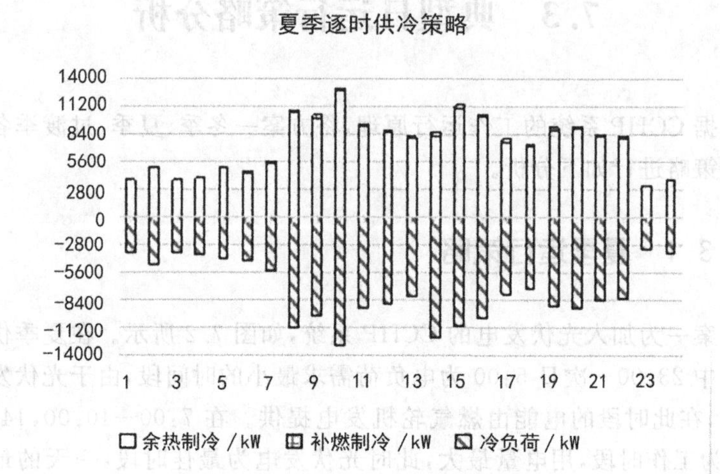

图 7.3　夏季逐时供冷运行策略

图 7.4 为夏季供热运行策略，在 7:00～21:00 时间段内，均在 600kW 左右。

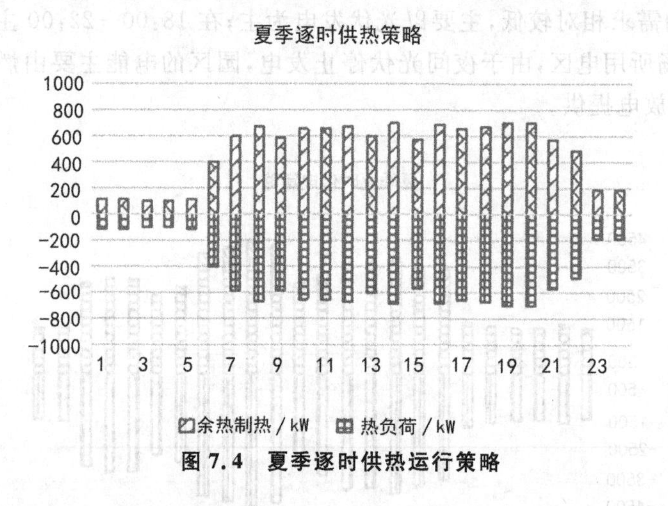

图 7.4　夏季逐时供热运行策略

7.3.2　冬季运行策略

由图 7.5 可知，在冬季供电运行策略中 23:00—5:00 为电负荷需求最小的时间段，在此时段的电能由燃气轮机发电提供。在 7:00—10:00，14:00—17:00，19:00—22:00 这三个时间段的用电负荷主要以燃气轮机发电为主，由于冬季光照不充足，在 12:00—15:00 光伏提供少部分电能，不足的电能向电网购电。

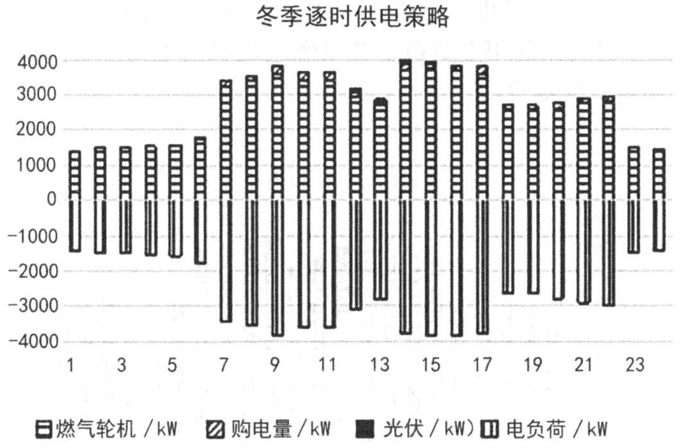

冬季逐时供电策略

燃气轮机/kW 购电量/kW 光伏/kW) 电负荷/kW

图 7.5 冬季逐时供电运行策略

在图 7.6 为冬季供热运行策略，在 8:00—10:00，14:00—17:00，19:00—22:00 这三个时间段是工业园区建筑热负荷需求最高的，可以达到 1000kW 以上，此时的热负荷主要由余热和补燃提供。在其他时间段热负荷较低，主要余热制冷提供园区需要的热负荷。

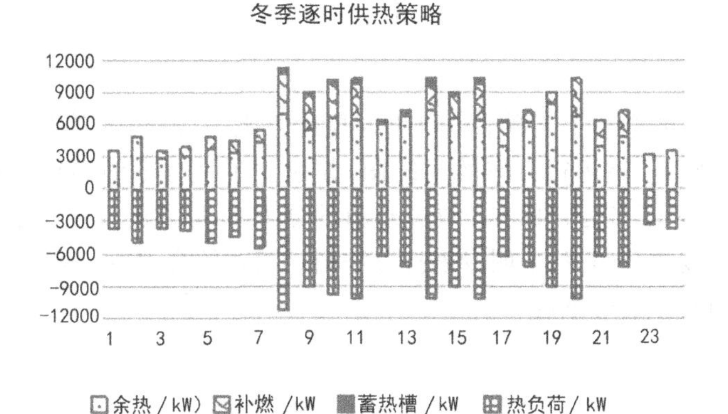

图 7.6 冬季逐时供热运行策略

7.3.3 过渡季运行策略

过渡季主要是电负荷为主，由图 7.7 可知，电负荷在整个一天中的需求分布比较均匀。在 23:00—5:00 电负荷需求相对来说要低一些，此时的电能由燃气轮机发电提供。在春秋季光伏的照射时间相比于夏季较短，一般在 9:00—16:00 之间发电。所以在 7:00—10:00，14:00—17:00，19:00—22:00 这三个时间段的用电负荷主要以燃气轮机发电为主，光伏供电为辅，不足的电能由电网提供。

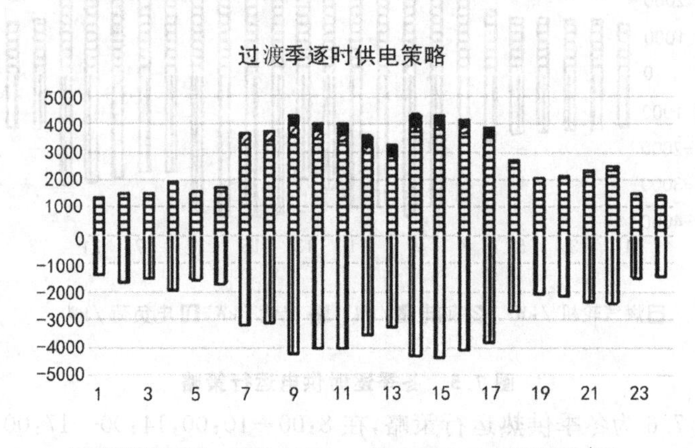

图 7.7　过渡季逐时供电运行策略

7.4　小结

本章主要介绍了上章节中得出的最优方案一：冷热电联供系统加入光伏，首先介绍了该运行方案的系统图，并建立了该方案的多目标模型。然后，对比分析了各分目标在不同权重值的分配时，联供系统相比于分供系统的不同程度的节约率，证明专家打分法确定权重的合理性。最后，给出各季典型日的具体运行策略。

第8章　工业园区多种能源发电设备模型

含多种能源工业园区的能源系统通常含有各类发电设备及储能单元。对各电源进行建模分析和研究，是对含多种能源工业园区进行优化配置和经济性运行分析的基础。接下来概述一下含多种能源工业园区中供电设备的特性及数学模型。

8.1　微型燃气轮机模型及特性

8.1.1　微型燃气轮机特性

微型燃气轮机通常指输出功率在1000kW之内的燃气轮机[137]，适用于多种能源，主要以柴油、天然气、甲烷、沼气为燃料，采用了先进的空气轴承技术以及空气回热技术，增加整套发电设备的运行稳定性和发电效率，发电效率可达30%以上，有着占地面积小、使用时间长、运维检修方便、超低噪声、无振动、低排放等优点，在城市、山区或海岛都比较适应。

微型燃气轮机的输出功率是能够调节的。通常条件下，微型燃气轮机的发电出力和设备的燃料消耗量成正相关。根据微型燃气轮机的这个特点，工作人员能够根据实际工作要求，有目的地规划调节设备的输出功率。在符合微型燃气轮机实际运行功率上、下限和功率变化速率限定的要求下，可以在某一范围之内调整输出功率，以此满足系统中对电能的供需要求。同时该机组设备在热、电联产中有着优秀的表现，通常条件下在冷热电联产中，还要考虑供热约束的要求。

目前，市场上微型燃气轮机的结构类型主要有分轴型和单轴型之分，单轴型使用居多，有着构件紧密、发电效率高、运行稳定的优点，发电机物理结构如图8.1所示，包含压气机、燃烧室、透平。微型燃气轮机发电的原理是从外界中抽取适量气体，经压气机压缩，然后在燃烧室和燃料混合燃烧，产生高温气体推动透平转动切割磁感线发电，产生的交流电，再经过整流、滤波、逆变等步骤转为工频交流电，实现“AC-DC-AC”的变换。

微型燃气轮机在输出电功率的同时可以提供冷、热资源，可以用来供冷、取暖和供应热水，可实现冷、热、电联供，增加了能源的使用效率，最高可达70%以上，具有良好的经济效益和社会效益。图8.2为燃气轮机联产示意图。

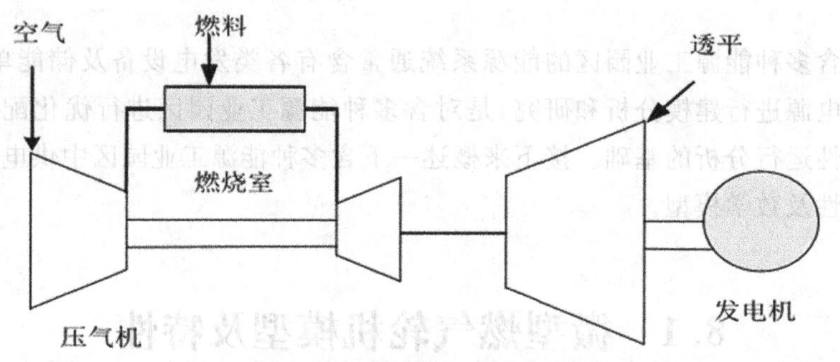

图8.1 燃气轮机发电系统结构

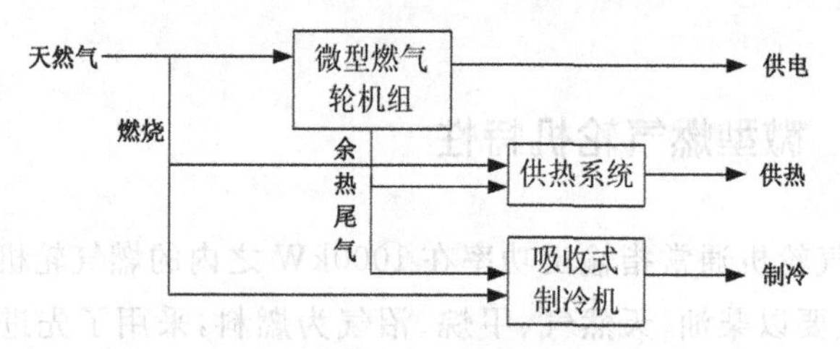

图8.2 微型燃气轮机冷、热、电联产示意图

8.1.2 微型燃气轮机模型

本文建模重点考虑微型燃气轮机的能耗-功率特性、运维特性和废气的产生，本文所用微型燃气轮机以市场上常用的Capstone公司推出的C65型为例[138]。微型燃气轮机在一定的负荷下，输出功率与效率之间关系如图8.3所示。通过MATLAB进行多项式曲线拟合，公式如下：

$$\eta_e = 0.0753\left(\frac{P_{MT}}{65}\right)^3 - 0.3095\left(\frac{P_{MT}}{65}\right)^2 + 0.4174\left(\frac{P_{MT}}{65}\right) + 0.1068 \quad (8.1)$$

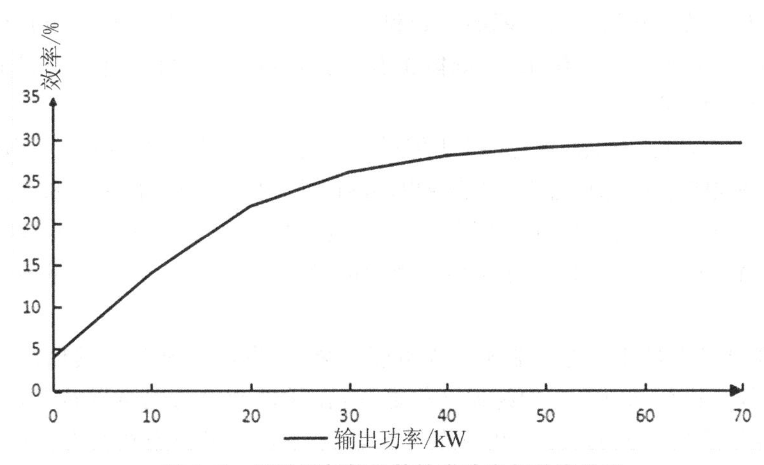

图 8.3 微型燃气轮机的输出功率与效率关系

微型燃气轮机能耗和功率关系表示如下：

$$C_{\mathrm{MT}}=\frac{C_{\mathrm{NG}}}{LHV_{\mathrm{MT}}}\sum_{i=1}^{9760}\frac{P_{\mathrm{MT}}(t)}{\eta_{\mathrm{MT}}(t)} \tag{8.2}$$

式中：C_{MT}为燃气轮机在时间 t 时段的运行燃料成本；P_{MT}为微型燃气轮机在 t 时段的输出功率，间隔取 1h；C_{NG}为天然气价格，元/m^3；LHV_{MT}为天然气低热热值，kW，取为 9.7kW；η_{MT}为 t 时段微型燃气轮机转化效率，取为 0.7。另有：

$$Q_{\mathrm{MT}}(t)=\frac{P_{\mathrm{MT}}(t)\cdot(1-\eta_{\varepsilon}-\eta_{\iota})}{\eta_{\varepsilon}} \tag{8.3}$$

$$Q_{\mathrm{heat}}(t)=Q_{\mathrm{MT}}(t)\cdot COP_{\mathrm{heat}} \tag{8.4}$$

$$Q_{\mathrm{cool}}(t)=Q_{\mathrm{MT}}(t)\cdot COP_{\mathrm{cool}} \tag{8.5}$$

$$C_{\mathrm{fuel}}(t)=R_{\mathrm{gas}}\cdot F_{\mathrm{MT}}(t) \tag{8.6}$$

式中：η_{ε} 为燃气轮机发电效率；η_{ι} 为燃气轮机散热损失系数；$Q_{\mathrm{MT}}(t)$为燃气轮机在 t 时刻余热输出；$Q_{\mathrm{heat}}(t)$、$Q_{\mathrm{cool}}(t)$分别为微型燃气轮机在 t 时刻余热提供的热和冷输出量；COP_{heat}、COP_{cool}分别为微型燃气轮机制热系数和制冷系数；R_{gas}为天然气价格。

8.2 风力发电机模型及特性

8.2.1 风力发电机特性

风能作为一种可再生清洁能源，这些年来发展迅速。其实早在三千多年前，人们已经开始了对风能的原始利用，而将风能用于发电也已经有百年的历史，但是直到上世纪末，传统能源有了枯竭迹象，风力发电才受到了国际上的广泛关注。

现如今，风力发电已成为国内电能供应方式之一。截至 2015 年末，国内并网风电机组容量的总和为 12934 万 kW，达到了国内发电总装机量的 8.6%，国际排行居于首位。其中，2015 年增加的并网装机容量为 3297 万 kW，装机容量增量刷新历史纪录。2015 年国内风力发电量为 1863 亿 kW，发电量为国内总量的 3.3%。

风电机组是能够把风能转变为电能的装置，发电机理相对其他机组较为方便，叶轮是风电机组的组成结构之一，在风推动的情况可以转动，从而使风轮轴产生机械能，发电装置在风轮轴的转动下切割磁感线发出电量。风力发电系统主要包含以下几部分：塔架结构、发电机、偏航机构、叶轮、带机械齿轮的轴、传感器和控制系统[72]。

1)塔架结构：用于固定叶轮和舱室，舱室内主要有机械齿轮、发电机、偏航装置和调速系统。因为地面上存在各类高低不同的障碍物，所以在接近地面的地方风速不能保持平稳，所以塔架若要想便于发电，要保持风速平稳，高度不能离地面太近。

2)叶轮：用于把风能转化为机械能，一般有 2～3 个叶片。根据风能的公式可知，风能大小和叶轮的扫风面积成正比例关系，叶轮的扫风面积计算公式为：$A=\pi r^2$。其中 r 为叶片的长度，指叶片的叶尖到转轴的距离。

3)偏航机构：用于确保当风向发生改变时，风机的叶片能够正对于风向，使发电功率最大。

4)控制系统：为远程控制中心提供实时在线监测技术支持，保证发电系统的工作稳定，当风速过大或储能电池饱和后可以进行调速或停车。

8.2.2 风力发电机输出功率模型

风力发电与传统化石能源发电不同，与外界因素——风速息息相关，输出功率不能长时间保持稳定。因此想要对风电机组进行配置优化时，首先需要确定风电机组的输出功率，而风电机组的输出功率受到外界风速的影响，因此讨论风电机组的输出功率之前必须先研究风速的分布情况[139]。

一个地区的风速看似没有规律，但专家通过研究分析发现，风速的变化并不完全是毫无章法，研究表明，一般风速的分布服从正偏态。目前国际上表述风速分布的理论主要有：皮尔逊(Pearson)Ⅲ型分布、威布尔(Weibull)分布、瑞利(Raylcigh)分布、Γ(Gamma)分布、对数正态(Gulton Distribution)分布、三参数威布尔分布和耿贝(Gumble)分布等。其中普遍使用的是与现实中风速拟合良好的威布尔分布,公式如下:

$$f(v)=\frac{k}{c}\left(\frac{v}{c}\right)^{k-1}\cdot\exp\left[-\left(\frac{v}{c}\right)^{k}\right] \tag{8.7}$$

式中:v 为风速;k 为威布尔分布的形状参数;c 为威布尔分布的尺度参数。其中 k 和 c 可以由平均风速$\bar{v}$和最大风速 v_{max} 计算得出。

$$\begin{cases} k=\dfrac{\ln(\ln T)}{\ln(0.9v_{max}/\bar{v})} \\ c=\dfrac{\bar{v}}{\Gamma(1+1/k)} \end{cases} \tag{8.8}$$

式中,查询伽马函数表知 $\Gamma(1+1/k)=0.9$。

风电机组的启动需要克服内部的一个摩擦力,所以对风速有一定要求:当风速低于最小运行风速时,风电机组不能转动发电,发电出力为零;当风速大于最小运行风速但同时又低于额定风速时,电机开始工作,输出功率与风速呈一次函数关系;当风速高于额定风速但同时又低于最大运行风速时,风电机组的发电出力为定值;随着风速增加,当风速高于最大运行风速时,为了保证风电机组的安全,需要停止发电,输出功率降为零。风力发电机输出功率与风速关系如图 8.4 所示。

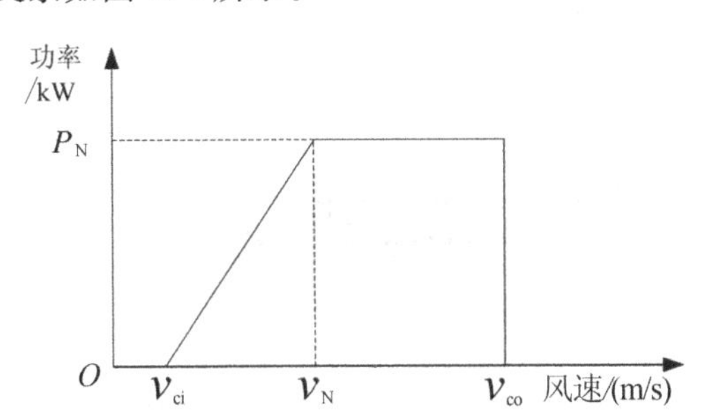

图 8.4　风力发电机输出功率与风速关系图

风力发电机输出功率模型如下:

$$P_{WT}=\begin{cases} 0 & v\leqslant v_{in}\ \text{或}\ v\geqslant v_{out} \\ k_1 v+k_2 & v_{in}\leqslant v\leqslant v_r \\ p_r & v_r\leqslant v\leqslant v_{out} \end{cases} \tag{8.9}$$

$$k_1=\frac{P_r}{v_N-v_{in}} \tag{8.10}$$

$$k_2=-k_1\cdot v_{in} \tag{8.11}$$

式中:P_r 为风力发电机组的额定输出功率;v_{in}、v_{out}、v_r 为最小运行风速、最大运行风速和额定风速;v_N 为风机额定风速;P_{WT} 为风机实际输出功率。

根据风速和风力发电机输出功率的关系,输出功率概率分布如下:

$$f(P_{\mathrm{WT}})=\frac{k}{k_1c}\cdot\left(\frac{P_{\mathrm{WT}}-k_2}{k_1c}\right)^{k-1}\cdot\exp\left[-\left(\frac{P_{\mathrm{WT}}-k_2}{k_1c}\right)^{k}\right] \tag{8.12}$$

8.3 光伏电池模型及特性

8.3.1 光伏电池特性

据2015年年末统计，国内光伏发电总装机达4318万kW，占国内发电总装机的3%，在国际上居于首位。其中，2015年新增加装机为1513万kW，创历史纪录；集中式光伏电站依旧是光伏发电的主流，2015年新增装机1374万kW，装机总量达3712万kW，相比2014年增加了59%。2015年光伏发电为392亿kW，占国内发电总量的0.7%。

光伏电池是太阳能发电系统中的基本单元，主要由半导体硅制成[140]。根据光生伏打效应理论，当光伏电池受到照射时，电池的PN结上会形成空穴-电子对，受到内部电场的影响，电子、空穴产生运动，若在电池两头接上负荷，负荷上会出现电流。发电原理如图8.5所示。

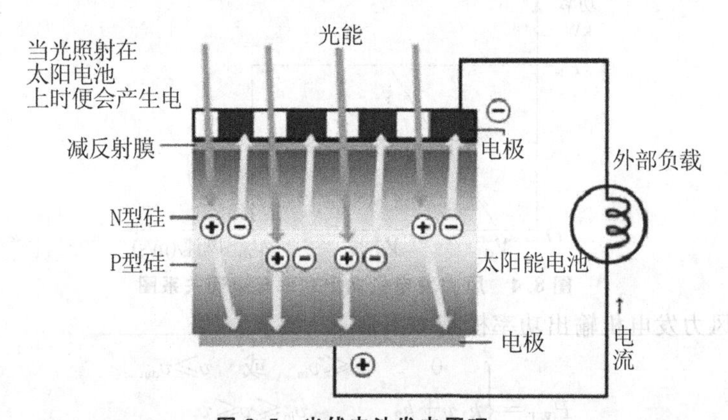

图8.5 光伏电池发电原理

单个的光伏电池所发出的功率是很低的，为了获得较大的功率，生产厂商将单个的电池串联在一起，组成光伏电池板，然后根据实际输出电流、电压、功率的需求，将多个电池板进行串并联组成光伏阵列，如图8.6所示。

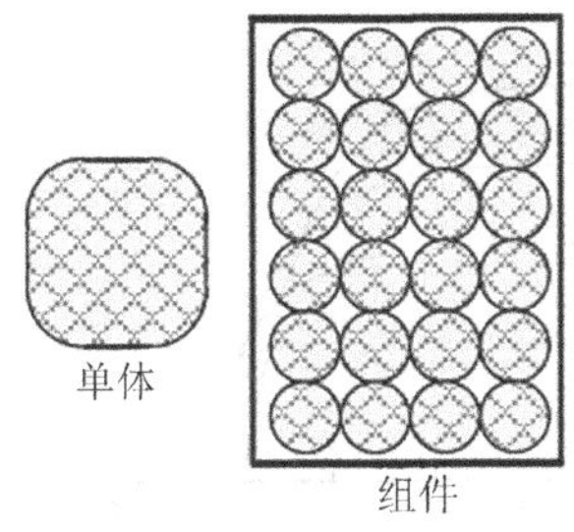

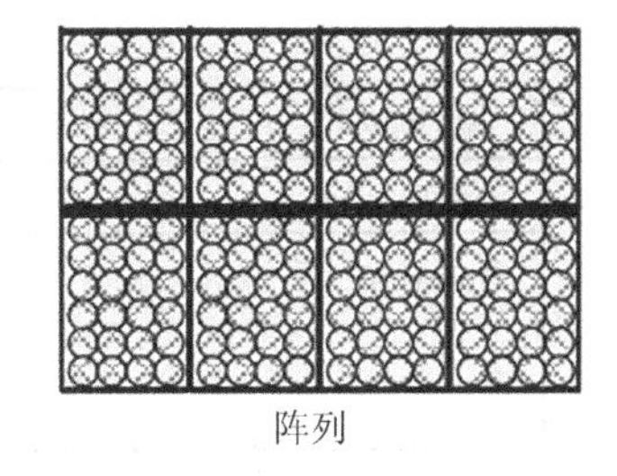

图 8.6 光伏系统基本单元

光伏电池可以把光能转化成电能，电池的主要参数有：开路 V_{OC}、短路电流 I_{SC}、最大输出功率 P_{max} 和温度系数。开路电压 V_{OC}：光伏电池处于正负极开路状态下两端的电压；短路电流 I_{SC}：光伏电池处于正负极短路状态下线路中的电流；最大输出功率 P_{max}：光伏电池的输出电压和电流是随外界条件变化的，如果在外界条件因素下，可以使电压与电流的最大乘积，即为最大输出功率。功率温度系数：光伏电池的输出功率与外界温度有关，并且随温度的增加而降低，其中外界温度每增加 1℃，光伏电池的输出功率减少的量即为功率温度系数。

考虑光照强度、外界温度等条件时，光伏发电的最佳工作点电流 I_m、电压 V_m 可以表示为[141]：

$$I_{PV}=I_{SC}\left\{1-C_1\left[\exp\left(\frac{V_{FV}-\Delta V}{C_Z\cdot V_{OC}}\right)-1\right]\right\}+\Delta I \tag{8.13}$$

$$C_1=(1-I_{mp}/I_{sc})\cdot\exp[-V_{mp}/(C_2\cdot V_{oc})] \tag{8.14}$$

$$C_2=\frac{V_{mp}/V_{oc}-1}{\ln(1-I_{mp}/I_{sc})} \tag{8.15}$$

$$V_{PV}=V_{mp}\cdot\left[1+0.0539\cdot\lg\left(\frac{H_T}{1000}\right)\right]+\beta\cdot\Delta T \tag{8.16}$$

$$\Delta T=T_A+0.02\cdot H_T-25 \tag{8.17}$$

$$\Delta V=V_{PV}-V_{mp} \tag{8.18}$$

$$\Delta I=\alpha\left(\frac{H_\tau}{1000}\right)\cdot\Delta T+\left(\frac{H_\tau}{1000}-1\right)\cdot I_{SC} \tag{8.19}$$

式中：V_{PV} 为任意时间内最佳工作点电压；V_{OC} 为开路电压；I_{PV} 为任意时间内最佳工作点电流；I_{SC} 为短路电流；V_{mp} 为最大功率点电压；I_{mp} 为最大功率点电流；α 为电流温度系数；β 为电压温度系数；T_A 为环境温度。

由于光伏电池的输出功率与外界条件相关，环境温度、光辐射量的变化都对电池的伏安特性和功率-电压特性产生影响，因此发电功率并不是恒定的。光伏电池 V-A 特性、P-V 特性随光强变化如图 8.7 和图 8.8 所示，光伏电池 P-V 特性随温度变化如图 8.9 所示。

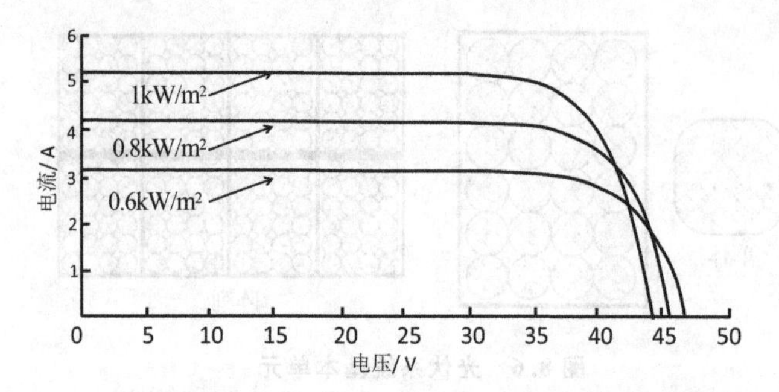

图 8.7 光伏电池 *V-A* 特性随温度变化曲线

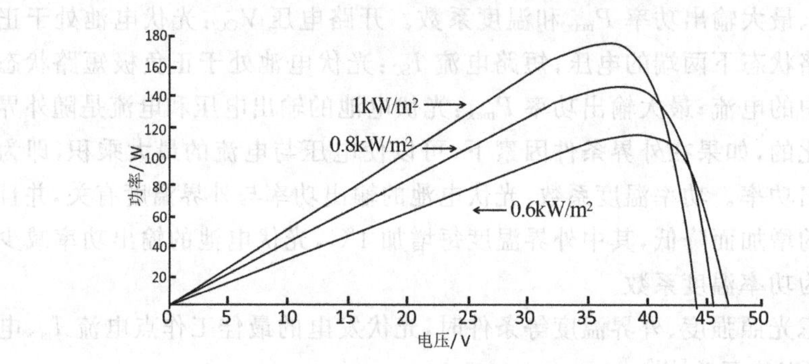

图 8.8 光伏电池 *P-V* 特性随光照强度变化曲线

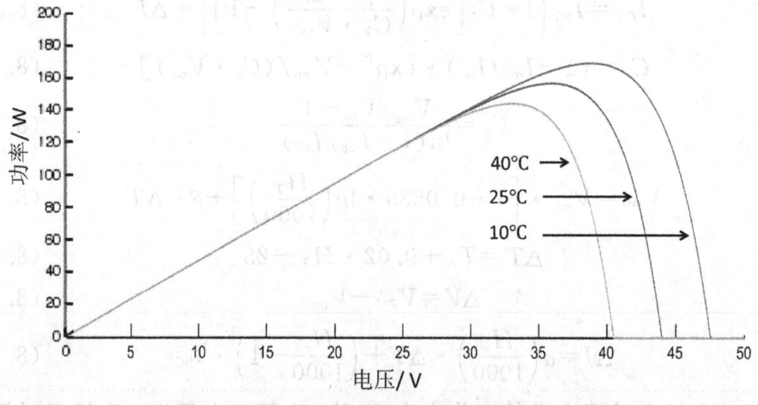

图 8.9 光伏电池 *P-V* 特性随温度变化曲线

8.3.2 光伏电池输出功率模型

为了以数学描述光伏电池，搭建等效电路如图 8.10 所示。图中 I_1 表示光电流，其数值与电池的受照射面积和光强有关；I_d 表示暗电流，指在没有光照条件下，受外电压作用下，PN 结内通过的单向电流；I_sh 表示旁路漏电流；R_s 表示电流源内阻，大小和 PN 结深度、杂质和接触电阻的大小有关；R_{sh}表示旁路电阻；在理想条件下，串联电阻 R_s 记为很小，并联电阻 R_{sh} 记为很大，一般不予计算。

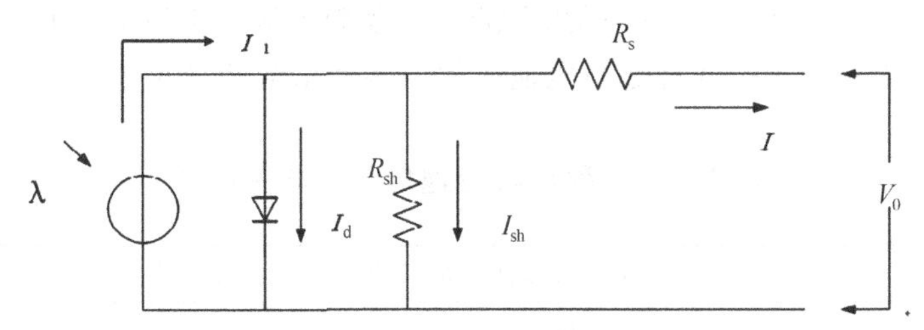

图 8.10 光伏电池等效电路

光伏电池的输出功率很大程度上受到外界光照和温度的影响，因此光伏电池铭牌上所标的输出特性是指在标准状况下厂家所采集的性能。世界上普遍采用的光伏电池测试标准条件为电池表面温度 25℃，光谱分布为 AM1.5，光照强度为 $1kW/m^2$。光伏阵列的输出功率可以表示为：

$$P_{PV}=f_{PV}P_{stc}\frac{G}{G_{stc}}[1+k(T-T_{stc})] \tag{8.20}$$

式中：f_{PV}为光伏电池降额因子，通常情况下为 0.8～0.95；P_{PV}为光电池在光照强度为 G 时的输出功率，kW；G_{stc} 为 STC 工况下的光照强度，取 $1000W/m^2$；T_{stc}为 STC 工况下的电池表面温度，取 25℃；P_{stc}为 STC 工况下的最大输出功率，kW；G 为光照强度，W/m^2；k 为功率温度系数，$-0.0047/℃$；T 为光伏电池的表面温度，℃；

光伏电池的表面温度，可根据外界环境由以下公式确定：

$$T=T_a+30\times G/1000 \tag{8.21}$$

式中，T_a 为 t 时刻的环境温度，℃。

8.4 燃料电池模型及特性

8.4.1 燃料电池特性

燃料电池可以使燃料发生化学反应从而产生电能，通常以铂作为催化剂，氢气、天然气作为原料，空气或者氧气作为氧化剂。燃料电池发电过程中没有噪音、无污染物排放、生成物是水对环境无害、发电效率高，并且对负载变动跟踪能力强，可以保持效率平稳，是目前广受关注的清洁能源。

燃料电池按电解质分类，一般分为质子交换膜燃料电池（Proton Exchange Membrane Fuel Cell，PEM-FC）、磷酸燃料电池（Phosphoric Acid Fuel Cell，PAFC）、碱性燃料电池（Alkaline Fuel Cell，AFC）、固体氧化物燃料电池（Solid Oxide Fuel Cell，SOFC）及熔融碳酸盐燃料电池（Molten Carbonate Fuel Cell，MCFC）等[142]。各种燃料电池的相关特性总结见表 8.1。

表 8.1　各种燃料电池的一些相关特性

电池类型	燃料	电解质条件	功率密度/(W/m^3)	发电效率/%	运行温度/℃
SOFC	H_2、CO、CH_4 等	固体陶瓷体	250～350	45～65	750～1050
AFC	纯 H_2	KOH 溶液	150～400	32～70	60～250
PAFC	H_2、少量 CO_2 和甲醇	浓磷酸溶液	150～300	35～55	130～220
PEMFC	纯 H_2	质子可渗透膜	300～1000	35～60	30～100

以 PEMFC 为例[143-144]，燃料电池基本结构由四个部分构成：阴极、阳极、电解质和外电路。PEMFC 发电原理如图 8.11 所示，以 H_2 作为原料，O_2 作为氧化剂，在催化剂的帮助下，H_2 在阳极发生电离反应，产生电子。

$$H_2 \longrightarrow 2H^+ + 2e^- \tag{8.22}$$

电子经过外电路到达阴极与 O_2 生成离子，离子经电解质到达阳极，与燃料发生化学变化，形成电流。同时，阳离子在阴极与电子、氧气产生反应生成 H_2O。

$$\frac{1}{2}O_2 + 2H^+ + 2e^+ \longrightarrow H_2O \tag{8.23}$$

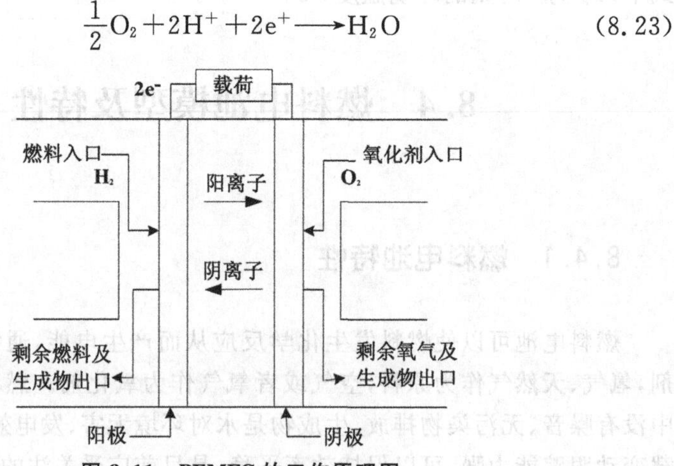

图 8.11　PEMFC 的工作原理图

若仅从原理上考虑，如果连续不停地给燃料电池提供燃料和氧化剂，燃料电池就可以一直工作，持续发电，但是，时间元件会随之发生老化反应，催化剂铂会产生“中毒”现象而慢慢失效，导致燃料电池在现实生产中，成本一直很高。

8.4.2　燃料电池输出功率模型

燃料电池单个的输出功率很小，通常有 N 个电池通过串联到一起形成燃料电池组。本文采用市场上应用最多的 PEMFC 型，这种电池通常发电效率在 60%以上，图 8.12 给出了 PEMFC 的典型功率-效率曲线。

经 MATLAB 曲线拟合，效率与功率二者之间公式表示如下：

$$\eta_{FC} = -0.0023P_{FC} + 0.6735 \tag{8.24}$$

燃料电池的输出功率与输入燃料的比值，记为发电效率 η_{H}，参考微型燃气轮机模型，燃料电池能耗与功率特性可以写为：

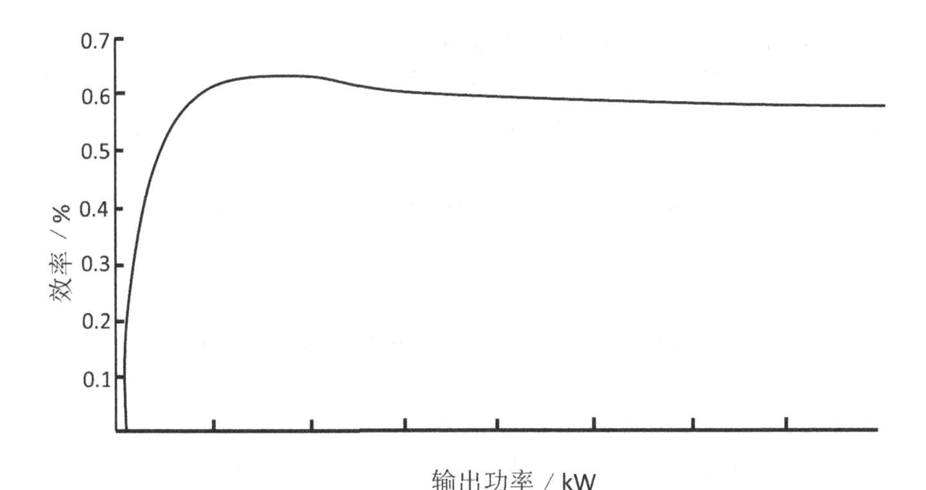

图 8.12　PEMFC 的典型功率-效率曲线

$$C_{FC} = \frac{C_{NG}}{\eta_{H} LHV_{NG}} \sum_{i=1}^{8760} \frac{P_{FC}(t)}{\eta_{FC}(t)} \tag{8.25}$$

$$C_{fuel}(t) = R_{gas} \cdot C_{FC}(t) \tag{8.26}$$

式中，C_{FC} 为燃料电池消耗的燃料；C_{NG} 为天然气价格，元/m^3；LHV_{NG} 为天然气低热热值，kW/m^3，取为 9.7kW/m^3；$P_{FC}(t)$ 为燃料电池在 t 时间段的输出功率，间隔取 1h；$\eta_{FC}(t)$ 为燃料电池的发电效率；R_{gas} 为天然气价格；$C_{fuel}(t)$ 为燃料电池在时间段 t 内消耗的燃料费用。

8.5 蓄电池模型及特性

8.5.1 蓄电池特性

含有多种能源工业园区内一般包含常规能源和可再生能源，由于其中风、光电机组的输出功率随外部环境变化而变化，为了保证系统的稳定运行，需要为发电系统配备一定的储能装置，当发电机组设备出现故障时，储能设备不仅能够缓冲电量，同时还可以起到短时供电、缓冲负载变动以及平衡输出电压，大幅度提高电能质量。截止到现在，人们已经开发了各种形式的储能装置，主要有蓄电池、超级电容和飞轮等。其中，蓄电池储能最为常见，使用最广泛[145]。

蓄电池一般具有下列四个重要参数：

(1)电池容量。指蓄电池在终止电压条件下所放出的全部电量，或者在特定的情况下能够从蓄电池所获得的全部电量。用 C 表示，单位是 Ah，或者 mAh。

(2)荷电状态(SOC)。某个时间电池所余电量 C_r 与标称总容量 C_{sum} 的比，公式为：

$$SOC = C_r / C_{sum} \tag{8.27}$$

(3)放电深度(DOD)。指已经消耗的电量 C 与标称总容量 C_{sum} 的比，公式为：

$$DOD = C / C_{sum} \tag{8.28}$$

(4)充电深度(DOC)。指蓄电池在运行工作中，耗电之后所余电量与电池真实的容量 C_{sum} 的比，公式为

$$DOC = (C_{sum} - C) / C_{sum} \tag{8.29}$$

式中：C_{sum} 为蓄电池容量，kW；C_r 为蓄电池某时刻所剩电量，kW；C 为蓄电池某时刻所输出电量，kW。

8.5.2 蓄电池充放电模型

在任意运行时间内，系统内电能的供需站台控制着蓄电池是否充放电。当电能多余时，蓄电池进行充电操作，此时电流为正；当电能不够时，蓄电池

进行放电操作，此时电流为负[146]。

蓄电池充电时若$|I_o|>|I_{omax}|$时，则由式(8.31)决定

$$I_{omax}=\frac{kq_1 e^{-k\Delta t}+q_0 kc(1-e^{-k\Delta t})}{1-e^{-k\Delta t}+c(k\Delta t-1+e^{-k\Delta t})} \tag{8.31}$$

式中：I_i 为充电电流；I_o 为放电电流；I_{imax} 为最大充电电流；I_{omax} 为最大放电电流；q_o 为时间段 Δt 内总电荷容量；q_1 为可用电荷容量；k 为比率常数，hrs^{-1}；c 为可用电荷容量与总容量的比值。

8.6 小结

本章概括性地表述了含多种能源工业园区中常见的发电机组，仔细阐明了微型燃气轮机、风电机组、光电机组、燃料电池和储能设备等的数学模型以及特性。对各发电单元能耗与功率之间进行了数学分析，为接下来关于多种能源工业园区中发电单元容量优化配置，构建优化模型打下基础。

第9章 混合粒子群算法

9.1 基本粒子群算法的原理和结构

9.1.1 粒子群的基本原理

算法粒子群(Particle Swarm Optimization,PSO)是由美国人 Kennedy 和 Eberhart 于 1995 年根据鸟群寻找食物的现象提出的迭代搜索方法。假设在鸟群的搜寻空间里只有一个食物。并且全部的鸟个体都不确定食物的具体方位是哪个地方,鸟群之间每个个体可以交换信息,能交流判断自身目前身处的地点与食物还有多少距离,所以搜索与食物距离最近的鸟的周边区域是寻找到食物最快的办法。

在 PSO 理论中,将待求目标的解看做鸟群里的每一个个体,称为"粒子",每个个体都具有各自的位置和速度,并且能够保留目前每个粒子所搜寻到的最好位置以及所有粒子能够搜寻到的群体最好位置[147],因此 PSO 算法具有一定的记忆能力。在 PSO 迭代搜索中,每个个体根据自身所记录的最好位置和群体最优位置来调整自身的速度和位置,然后由目标函数来评价调整过后的位置是否更优,从而不断更新,直至算法迭代结束或找到最优位置[148-150]。粒子更新位置的方式如图 9.1 所示。

在图 9.1 中,x 为粒子的起始位置;v 为粒子的"飞行"速度;p 为搜索到的粒子最优位置。

假定在某个 D 维搜索区域内存在 N 个粒子,当中第 i 个粒子看作是 D 维向量 $X_i=(x_{i1},x_{i2},\cdots,x_{iD})^{\mathrm{T}},i=1,2,\cdots,N$;第 i 个粒子"寻优速度" 同样看作 D 维的向量,表示为 $V_i=(v_{i1},v_{i2},\cdots,v_{iD})^{\mathrm{T}},i=1,2,\cdots,N$;第 i 个粒子寻找到的最好位置即个体极值,表示为 $P_{\mathrm{best}}=(p_{i1},p_{i2},\cdots,p_{iD})^{\mathrm{T}},i=1,2,\cdots,N$;全部种群寻找到的最好位置称为全体极值,表示为 $g_{\mathrm{best}}=$

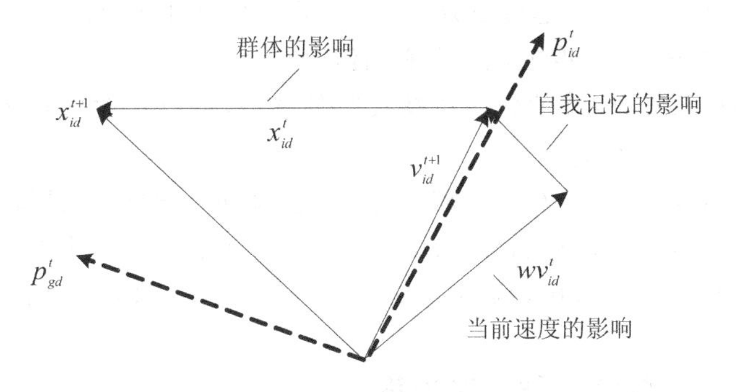

图 9.1　粒子更新位置

$(x_{i1}, x_{i2}, \cdots, x_{iD})$，在一次迭代寻优后，粒子根据如下的式子来调整自己的速度和位置：

$$v^{t+1}_{id} = wv^t_{id} + c_1 r_1 (p^t_{id} - x^t_{id}) + c_2 r_2 (p^t_{gd} - x^t_{id}) \tag{9.1}$$

$$(x^{t+1}_{id} = x^t_{id} + v^{t+1}_{id}) \tag{9.2}$$

式中：w 为惯性权重；c_1 和 c_2 为学习因子；r_1 和 r_2 为[0,1]之间的随机数。

9.1.2　基本粒子群算法的构成要素

PSO 算法的构成要素包括以下三种：

(1)粒子群编码方法

在 PSO 中种群中的个体用长短恒定的二进制编码来代表，其等位基因编码是由{0,1}所构成的。原始种群中个体的基因值采用随机数进行初始化。

(2)个体适应度评价

经过迭代搜索找到个体极值，然后相互之间进行对比获得整体极值。

(3)基本运行参数

1)r：PSO 的种子数，其数值可以在运行开始前使用固定值或者由 randn 命令使用随机数，但所用数值需要在目标函数的范围内。

2)N：种群中粒子数目大小，一般取 20～40 个即可，在求解比较复杂的问题时，可以设为 100。数量越大，迭代搜索的空间范围越广，得到最优解的概率将会加大，但同时运行时间也会加长。

3)l：微粒长度，代表每个寻优个体的空间维度，可根据实际问题确定。

4)$[-x_{\max}, x_{\max}]$：微粒范围，简单来说就是求解问题的解的取值范围。

5)m：最大迭代次数，算法在获得最优解之后或迭代到最大次数后停止运行。

6) r_1, r_2：粒子飞行加速度系数，在[0,1]区间中变化生成。

7) c_1, c_2：加速常数，取随机 2 左右的值。

8) w：惯性权重，能够使粒子维持飞行的状态，可以扩大搜索区域。取值范围通常为[0.2,1.2]。

在 PSO 算法中，在运行初期需要对参数实施初始化操作，具体有：群体规模 N；对任意 i,j 给出初始位置 x_{ij}；对任意 i,j 给出初始飞行速度 v_{ij}；对任意 i，设定 $P_i = X_i$。其中，x_{ij} 和 v_{ij} 均服从$[-v_{\max}, v_{\max}]$内均匀分布。

9.1.3 基本粒子群算法流程

PSO 算法流程如图 9.2 所示，具体过程如下：

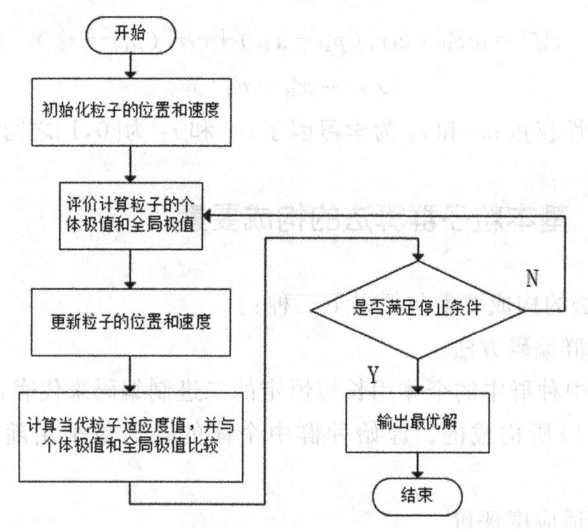

图 9.2 PSO 流程图

步骤 1：初始化粒子群。设定群体规模大小 N，每个粒子的速度向量 v_i 在$[-v_{\max}, v_{\max}]$中随机选择，位置 x_i 在定义区间中随机初始化，此时迭代次数为 0；

步骤 2：计算每个粒子的适应度值 $Fit[i]$，获取粒子的个体极值 $p_{\text{best}}(i)$ 和整个群体的全局极值 $g_{\text{best}}(i)$。

步骤 3：对粒子个体，用它的适应度值 $Fit[i]$ 和个体极值 $p_{\text{best}}(i)$ 比较，如果 $Fit[i] > p_{\text{best}}(i)$，则用 $Fit[i]$ 替换 $p_{\text{best}}(i)$；

步骤 4：对粒子个体，用它的适应度值 $Fit[i]$ 和全局极值 $g_{\text{best}}(i)$ 比较，如果 $Fit[i] > g_{\text{best}}(i)$，则用 $Fit[i]$ 替换 $g_{\text{best}}(i)$；

步骤 5：根据优化条件，更新粒子的位置 x_i 和 v_i；

步骤 6：搜索到最优解或迭代到最大次数时，终止计算并输出结果，否则返回步骤 2。

9.1.4 粒子群算法的优缺点

PSO 是群体智能搜索中具有代表性的迭代搜索方法，与其他智能搜索算法相比较，PSO 有以下几个优点：

1)算法原理结构简单，不需要大量编码设计；

2)参数少，使用调节方便；

3)粒子之间采用团队协作方式，可以快速找到最优解；

4)粒子沿着梯度方向搜索，寻优速度比较快。

由于粒子群算法本身拥有的特性，使得大量的科学工作者钻研其中，对其深度研究，并获得了重大突破。但是，也因为 PSO 本身结构组成，使得粒子在迭代搜索时会减少整体的多样性，再加上日趋复杂的迭代求目标模型，PSO 在寻优后期对含有多个局部极值点的目标函数易发生“早熟”现象，陷入局部最优。

9.2 混合粒子群算法

PSO 原理结构简明，便于编程，使用方便，搜索速度快，拥有优秀的寻优能力，可以有效地求解含多峰特性及非线性的目标函数。但是 PSO 使用的同时也有一些缺点：求解准确度不够高、局部寻优性能不太好、受初始参数影响大。为了避免在求解过程中出现上述问题，须要对 PSO 性能进行改进。混合其他智能理论是 PSO 改进的主流方向，将其他迭代搜索算法或其他理论引入到 PSO 中，用来增加粒子的多样化，增加粒子的全局寻优能力，或者改善局部寻优性能，增强收敛速度和精度[151]。

常见的粒子群混合方法总体上有下列两种：

1)采用其他优化理论调整算法内部参数；

2)引入其他搜索迭代算法或其他智能理论，与 PSO 相结合。

本文选择将混沌搜索策略、自然选择思想与 PSO 相结合，增强 PSO 的寻优性能。

9.2.1 混沌理论策略

混沌[152-153]是在确定性系统中运动轨迹随机变化的运动状态，是非线性系统内的一种看似复杂、没有规律的现象。人们经常将它用来表示毫无逻辑、没有规律的运动迹象,在这个层次上它与无序的概念是一样的。但看起来杂乱不堪的运动轨迹并不完全没有规律,一个混沌变量在特定的区间内有如下特点:

1)确定性。在混沌理论中,用来表示系统变化的确定性,是非随机的,不含任何随机项。系统在下一段时间的数值(或过去时间内的数值)由初始条件及固定的函数映射关系决定,即系统内方程的运动轨迹只受由内部因素影响,与外界条件没有关系。这是一个非常重要的条件,所以目前所说的混沌也称为"确定性混沌"。但是确定系统中的运动轨迹会产生具有内在随机特性的行为现象,引起了诸多研究热潮。其中,复杂系统具有随机性的非周期运动研究成为了主流方向。然而,现在人们对混沌还存在一定的认知偏差,所以界限分明的区分系统是否确定非常重要,不能粗略地从外在表现就把一些似是而非的运动看作混沌运动。

较常见的系统有以下两种:

Lorenz 系统:

$$\begin{cases}\dot{x}=a(y-x)\\ \dot{y}=cx-xz-y\\ \dot{z}=xy-bz\end{cases}\tag{9.3}$$

Logistic 映射:

$$x_{n+1}=ax_n(1-x_n)\tag{9.4}$$

2)非线性。非线性指的是变量之间的数学表达逻辑关系,不是方向固定不变的线,而是方向随机变化的曲线或有不确定的性质,不能构成简单比例关系。与一成不变的线性行为相比较,用非线性的关系表述事物会更加符合事实逻辑,是用来量化认知复杂系统的关键办法之一;只要是可以利用非线性表述的逻辑关系,都可视作是非线性关系。具有混沌特性的运动一定包含非线性行为,有了非线性行为不一定能看作混沌,但是不具有非线性行为的运动一定不能视作是混沌的。也就是说若用线性来定义的,假定 G_1 和 G_2 是两个随机的变量,a 和 b 则是两个随机常数,上述变量能够满足公式(9.5):

$$L(aG_1+bG_2)=a(LG_1)+b(LG_2)\tag{9.5}$$

把 L 看作是线性算子,否则 L 就是非线性算子。将有非线性性质的系统统称为非线性系统。但是在某种条件下,线性与非线性是可以相互转换的。对于有些现象,从不同角度出发,它既能看作是非线性,也能看作是线性的,这跟人们考虑问题的角度和所求变量的空间维度差异有关。在实际生产工作中,非线性较为广泛,而且其中大多数问题如果使用线性求解是实现不了的，因此在实际生产中，非线性是无法避免的。

3)对初值敏感性。洛伦兹于1963年最先开始了关于混沌理论研究，并提出了具体的"蝴蝶效应"概念，即对初值敏感的混沌现象。从本质的角度出发，混沌运动实际上就是系统行为长时间受初值微小变化的影响，而内在随机性实质上就是对初值敏感的行为表现。动力学系统的行为取决于两个因素：一是运行演化规律，即数学上的动力方程式；另外一个是系统的迭代状态，即数学上的初始条件。任意一个确定的系统在给定了运动方程之后，系统的运动轨迹由方程和给定条件决定，任意一个初值只会有一个运动轨迹，这就是初值能够决定运动的轨迹。按照经典运动学理论，系统运动轨迹对初值的依赖不是特别敏感，即从两个数值偏差较小的初值出发的两条运动轨迹是距离很近，偏离很小的。设 $f(x_0)$ 代表从初始值 x_0 出发的运动轨迹，Δx 是初始值的改变量，对应的运动轨迹为 $f(x_0+\Delta x)$，如果 Δx 足够小，两条运动的轨迹 $|f(x_0+\Delta x)-f(x_0)|$ 偏离也会很小。这表明系统对初值的依赖是不敏感的。

然而，混沌却是例外。混沌运动的轨迹对初值特别敏感。从两个偏差很小的初始条件出发，较短时间内系统的运动轨迹没有太大差别，但经过长时间的迭代，将会呈现显著差异。如图9.3所示，初始条件之间的细微差别在随着时间不停地被放大，这就是混沌对初值的敏感性。

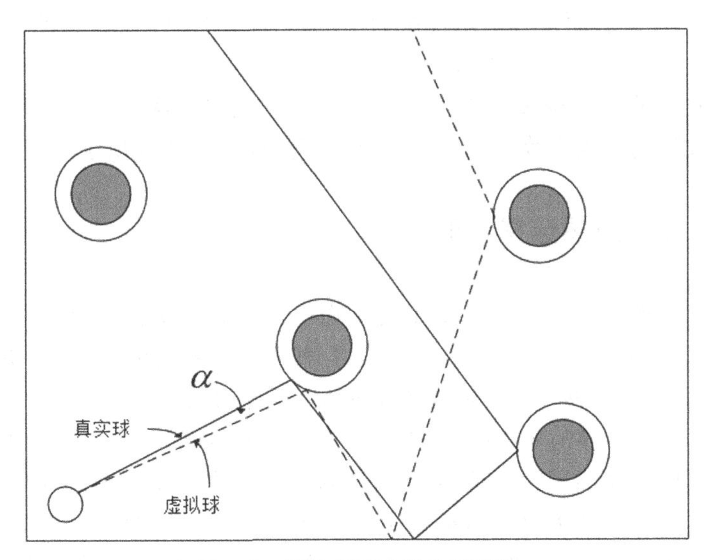

图9.3　混沌初值敏感性示意图

4)遍历性。混沌变量的遍历性指的是可以对解空间中的所有区域逐一搜索且从不重复，保证了解空间中的任一区域都不会被遗漏，在作为算法使用时可有效避免吸入局部范围内的最小值点。同时所有经历过的状态不会被再次搜索，节约了运行时间。

混沌理论的应用很广泛，在教育、资本投资、电力系统的控制领域发挥着作用。混沌作为非线性动态系统中的现象受到了人们的重视，作为一种算法，不要求目标函数具有连续性和可微分性质，广泛用于优化。混沌搜索的理论是首先生成一些与求解变量数量一致的混沌变量作为载体，运用载波变换和映射的方法，将混沌变量映射到优化变量的所在空间，成为更新序列。再利用混沌变量遍历性特点搜索整个解空间。基于混沌的技术有对初值敏感、不易陷入局部最优的特点。

混沌优化算法步骤如下：

步骤1：构造混沌变量。令 $t=0$；随机生成 D 个不同轨迹的混沌变量 $cx_d^t(d=1,,2,,\cdots,D)$，不包括混沌方程的4个不动点(0,0.25,0.5,0.75)。其中：d 代表变量序号，t 代表搜索的次数。

步骤2：依据下式把 cx_d^t 线性映射到变量优化取值区间 $[a_d,b_d]$，得出 rx_d^t。a_d,b_d 为优化变量取值空间的上下限。

$$rx_d^t \leftarrow a_d^t + (b_d - a_d)cx_d^t \tag{9.6}$$

步骤3：对优化变量 x_d^t 进行混沌搜索，$x_d^t \leftarrow x_d^t + \beta \cdot rx_d^t$，若 $f(x_d^t) < f^*$，则 $f^* = f(x_d^t)$，$x_d = x_d^t$。其中，f^* 为当前迭代搜索的最优解，x_d^* 为当前迭代搜索的最优变量，β 为较小常数。

步骤4：以前面得到的最优解为主，加入微小扰动，在邻域进行细致的搜索。$t \leftarrow t+1$，$cx_d^t \leftarrow 4\ cx_d^t(1-cx_d^t)$。

步骤5：重复步骤2、3、4，直到 f 数值在一定迭代次数内保持稳定或者达到最大迭代搜索次数 $ck_{\max}$，停止混沌运算，此时的 f 为所求最优解。

9.2.2 自然选择策略

自然选择(Natural Selection)是生物在斗争中适者生存、优胜劣汰的现象，这一理论最初由达尔文提出[154-155]。种群是物种进化的基本单位，自然选择、优胜劣汰能够把适应环境的物种保留下来，以此来决定物种的进化方向。物种在自然界的斗争中，由于各个物种的生存能力不尽相同，因此生存状态不一样，并影响到自身种群是否能够繁衍下去。将自然选择思想的特性引入到粒子群算法中[156]，把每次迭代之后粒子个体的适应度值看作自然界中生物个体的竞争能力，用生存能力好的个体淘汰生存能力差的个体，增加生物整个群体的生存能力。

9.2.3 惯性权重递减基本原理

在PSO中,惯性权重ω的数值对算法的寻优性能有重要影响[157-158]。增加ω的值可以增强算法的全局寻优能力,而减小ω的值则可以增强局部寻优能力。选择恰当的ω值,可以有效提高PSO的寻优能力。通常状况下,在搜索初期,把ω的值设定稍大一些,此时粒子的飞行速度就快,可以有效提高搜索更多区域的能力,在搜索过程中逐渐减小ω的值,使粒子飞行速度变慢,可以有效增加在粒子周边区域的寻优性能。自算法运行初期,得到更为广泛的可能存在最优解的区域,再找到适应度较好的粒子之后,对这样的粒子的周边区域内进行更仔细的搜索,这样可以提高找到最优解的速度。

9.2.4 基于混沌和自然选择的混合粒子群算法

9.2.4.1 引入改进策略

1.引入混沌优化策略

混沌理论引入PSO体现在下面两点:

1)混沌序列初始化粒子的速度和位置,在保留PSO初始时参数值有随机性的基础上,增加了粒子群体的多样性,并从中选择出较为优秀的初始群体。

2)以目前所有粒子寻找到的最优位置作为基础构造混沌序列,把目前粒子群中的某个粒子的位置用构造的混沌序列内最好位置的粒子替代。引入混沌思想可以在搜索过程中在局部极值周边产生许多邻域点,用来帮惰性粒子找出局部最小,加快找到最优解的速度。

本书采用混沌中的logistic映射,其公式如下:

$$c_d^{t+1}=a\,c_d^t(1-c_d^t) \tag{9.7}$$

式中,t为第t次遍历搜索;d为变量的序号;$a=4$,为混沌方程的四个不动点;c_d^t不包括混沌方程不动点。

2.引入自然选择策略

将自然选择思想引入到PSO算法中的基本思想是在每次迭代中,根据种群中个体的适应度将每个粒子进行排列,用种群内适应度值最好的$\frac{1}{N}$粒子替换适应度值最差的$\frac{1}{N}$粒子，同时保留每个个体的历史最优值。提高粒子群的整体适应度值，可以使得寻优过程收敛迅速，减少得到最优适应度值的时间。

$$[sortf, sortx] = sort(fx) \tag{9.8}$$

$$exIndex = round((N-1)/2) \tag{9.9}$$

$$x(sortx((N-exIndex+1):N)) = x(sortx(1:exIndex)) \tag{9.10}$$

$$v(sortx((N-exIndex+1):N)) = v(sortx(1:exIndex)) \tag{9.11}$$

3. 引入惯性权重策略

针对PSO搜索初期易陷入局部最优及搜索末期易在全体极值邻域内发生振荡现象，可以让w依照线性从大到小的递减，即线性递减权重法，具体变化见式(9.12)：

$$w = w_{max} - \frac{t(w_{max} - w_{min})}{t_{max}} \tag{9.12}$$

式中，w_{max}为惯性权重最大值；w_{min}为惯性权重最小值；t为当前迭代步数。

9.2.4.2 混合粒子群算法

将混沌理论、自然选择策略和线性权重递减法的寻优特性结合起来，形成混合粒子群算法(Hybrid Particle Swarm Optimization，HPSO)。采用混沌策略初始PSO参数，提高粒子的多样性；采用线性递减权重法改变，增加后期搜索最优解的能力；基于自然选择思想，用适应度好的个体替换适应度差的粒子，使适应度往好的趋势迈进速度增加，以此来保证迭代搜索时粒子的优越性；在每一次迭代之后，利用混沌搜索的遍历性，搜索整个解空间，避免陷入“早熟”的陷阱。

HPSO的流程如图9.4所示，其运行步骤如下：

步骤1：将配置模型待优化变量导入混合算法，设定算法参数：搜索空间维度D、种群大小N，混沌初始化各个粒子的速度与位置。

步骤2：计算本次粒子的适应度函数值，将粒子的位置和适应度函数值记录在个体极值$p_{best}(i)$中；筛选全部$p_{best}(i)$，把最好的适应度函数值的个体位置和适应值保存在全体极值$g_{best}(i)$中。

步骤3：算法参数优化，利用线性递减权重更新w。

步骤4：根据式(9.1)、式(9.2)更新粒子速度和位置。

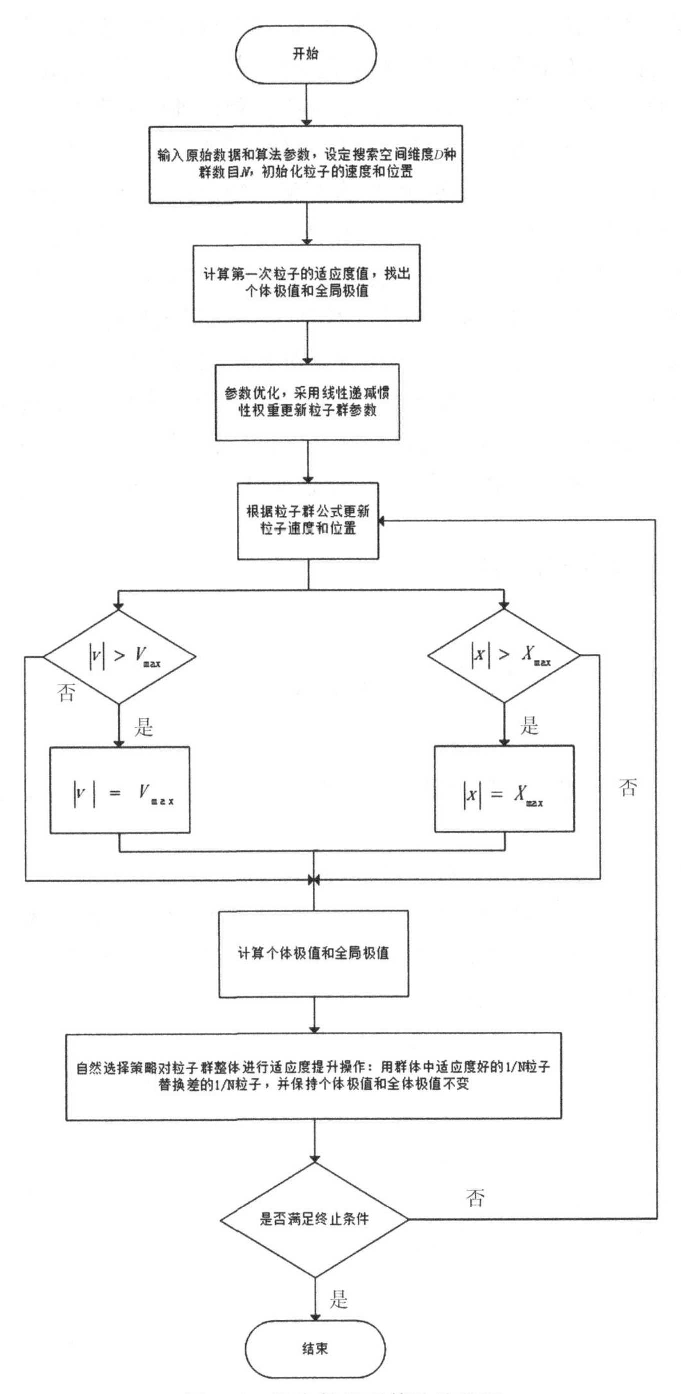

图 9.4　混合粒子群算法流程图

步骤 5:判断粒子位置 x_{id} 和粒子速度 v_{id} 是否处于设定范围。若处于设定范围,则进行步骤 6,评价更新后的粒子适应度;若 $|x_{id}|>X_{max}$、$|v_{id}|>V_{max}$,超出了参数的设定范围,则令 $x_{id}=X_{max}$、$v_{id}=V_{max}$,然后进行步骤 6。

步骤 6:评价更新后的粒子适应度值,将每一个粒子的适应值与全部粒子最优位置比较,如果更新后的值更优,则将更新后的值作为粒子最优的位置。比较当前所有的个体极值 $p_{best}(i)$ 和全局极值 $g_{best}(i)$,更新全局极值 $g_{best}(i)$。

步骤 7:根据适应值对粒子进行排序,用种群中最好的 $1/N$ 粒子替换最差的 $1/N$ 粒子,同时保存原本每个个体所保存的历史最优值。

步骤 8:利用混沌搜索的遍历性特点对解空间进行搜索,如果有适应度更好的粒子,则更新全局极值 $g_{best}(i)$,帮助寻优粒子逃离"局部最优"。

步骤 9:判断寻优算法是否符合结束条件(得到的最优解在一定步长内保持不变或达到最大迭代次数)。若满足,则输出最优解;否则,返回步骤 4 循环计算。

步骤十:寻优算法结束运行。

9.3 测试函数实验

以 3 个基准测试函数的最小值为例,经过仿真运行来分析验证 HPSO 算法的性能。

算法初始化参数如下:粒子群规模为 30,学习因子 $c_1=c_2=2$,$w_{max}=0.9$,$w_{min}=0.4$,最大迭代次数为 200,3 个测试函数分别独立运行 20 次。测试结果图中的纵坐标代表适应度,横坐标代表进化迭代的次数。

1)函数 F_1(Branin Function)。

$$f(X)=\left(x_2-\frac{5.1}{4\pi^2}x_1^2+\frac{5}{\pi}x_1-6\right)^2+10\left(1-\frac{1}{8\pi}\right)\cos x_1+10$$

$$-5\leqslant x_1\leqslant 10,0\leqslant x_2\leqslant 15$$

$$\min f(X)^*=0.398$$

计算结果见表 9.1 和图 9.5。表 9.1 列出了 PSO 和 HPSO 算法的计算结果,图 9.5 为 F_1 收敛情况的比较曲线。

表 9.1　函数 F_1 的计算结果比较

算法	PSO		HPSO	
变量	x_1	x_2	x_1	x_2
最大	9.42476	2.27500	3.14159	2.27499
最小	3.14159	2.27499	3.14159	2.27499

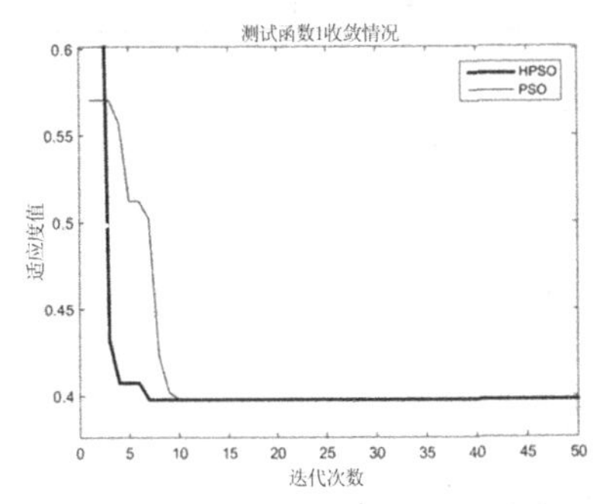

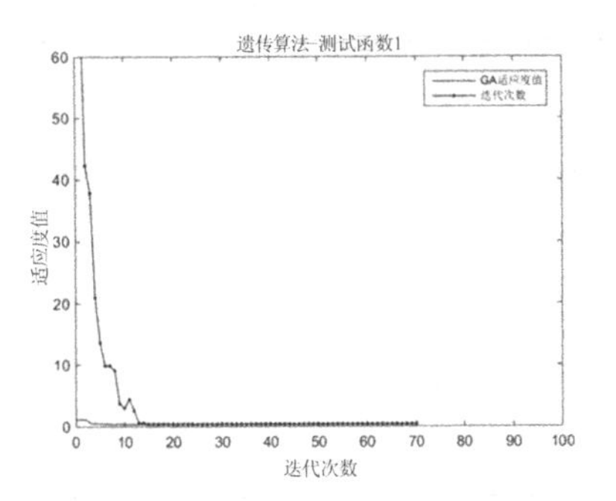

图 9.5　测试函数 F_1 的收敛情况比较

2)函数 F_2(Rastrigin Function)。

$$f(X)=\sum_{i=1}^{D}[x_i^2-10\cos(2\pi x_i)+10]$$

$$|x_i|\leqslant 5.12, D=10$$

$$\min f(X^*)=f(0,0,\cdots,0)=0$$

计算中给定阈值为 0.001。计算结果见表 9.2 和图 9.6。表 9.2 列出了两种算法的计算结果,图 9.6 为 F_2 收敛情况的比较曲线。结果表明,在 D 设定为 10、30 的情况下,PSO 不能搜索到最优解,HPSO 能快速的以较高精度搜索到最优解。

3)函数 F_3(Ackley Function)。

$$f(X)=-20\exp\left(-0.2\sqrt{\frac{1}{D}\sum_{i=1}^{D}x_i^2-e}\right)-\exp\left(\frac{1}{D}\sum_{i=1}^{D}\cos(2\pi x_i)\right)+20+e$$

$$|x_i|\leqslant 32, D=10,30$$

$$\min f(X^*)=f(0,0,\cdots,0)=0$$

计算结果见表 9.3 和图 9.7 所示,两种算法在进化迭代过程中都能收敛到最优解,但是 HPSO 搜索到最优解的速度远远超过 PSO,并且每次收敛的时间相差很小,算法性能有明显改善。

表 9.2 函数 F_2 计算的适应度比较

算法	PSO		HPSO	
D	10	30	10	30
平均	8.23	98.69	$-3.64E-11$	$-1.63E-10$
最大	14.94	$1.29E+02$	$1.54E-09$	$1.49E-09$
最小	3.09	74.47	$-1.83E-10$	$-1.52E-09$

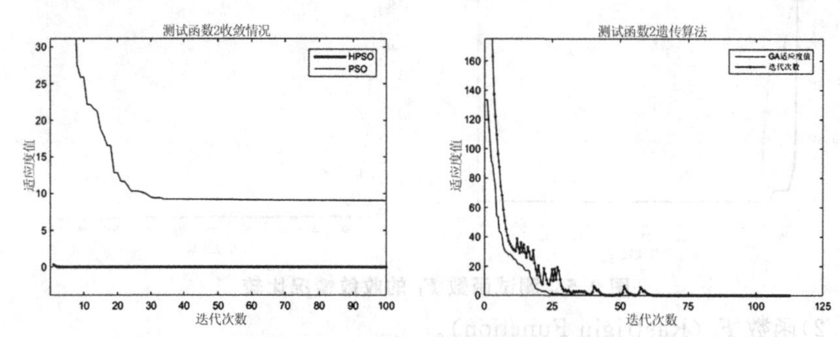

图 9.6 测试函数 F_2 的收情况比较

表 9.3 函数 F_3 的计算时间比较

算法	PSO		HPSO	
D	10	30	10	30
平均	12.5	35.89	8.46	24.49
最大	13.32	36.24	8.95	24.65
最小	11.75	35.41	8.23	24.34

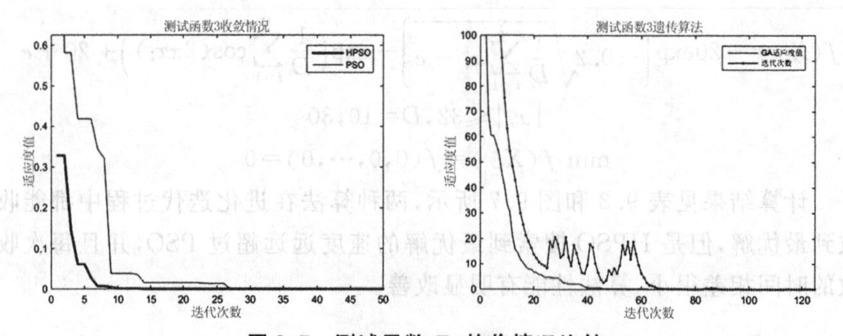

图 9.7 测试函数 F_3 的收情况比较

PSO算法是群智能算法之一，因其本身结构简单、参数易于调节、编程使用方便、寻优速度快的特性而被广泛使用。但也因为其本身结构所限，到搜索后期容易陷入“早熟”，搜索结果精度不高，并且受初值影响较大，进而影响求得的最终解。通过对上面三例测试函数进行仿真分析可知，所提出的基于混沌理论和自然选择思想改进的粒子群混合算法，在保持了粒子群算法结构简单的特点的基础上，通过混沌初始映射和后期遍历搜索，又利用自然选择策略提高粒子整体适应度的值，使得算法搜索速度提高，节约运行时间。算例结果表明 HPSO 的性能胜于 PSO。

9.4 小结

在本章节中，首先说明了 PSO 算法的起源、基本思想、参数作用、运行计算流程。其次介绍了混沌理论、自然选择理论、粒子群算法中的惯性权重，分析了三种理论在搜索求解方便的优点，为提高算法的寻优性能，把这些优势借鉴到 PSO 之中，提出基于混沌理论和自然选择策略的粒子群混合算法，并详述了混合算法的搜索过程。最后，通过对测试函数的仿真测试分析，验证混合算法搜索性能的提高。通过这一章节工作形成的混合算法，为下一章节容量配置模型的优化打下了基础。

第10章 基于混合粒子群算法的多能源容量多目标优化配置

10.1 工业园区多能源容量多目标优化配置模型

10.1.1 工业园区多能源处理特性分析

我国国土辽阔,各地区地势和海拔高度均不相同,导致不同省份、地市的温度和风力资源不尽相同,并且由于光伏发电系统受外界条件如阴雨天气和白天夜间的限制,一天中不同时刻的光伏电池输出是不平稳的,再考虑到不同地区的光照强度是有差别的,因此采用单独的风力发电或光伏发电系统供电是不可靠的。基于这个前提,含多种能源的工业园区发电系统通常包含常规能源、新型能源和储能装置——蓄电池。多种能源工业园区发电系统实施调度操作为:为满足用户需求,由风电机组、光电机组和燃气轮机联合发电满足用电需求,当工业园区多种能源发电系统所发出的电量超过负荷需求还有剩余电量时,可以将除供给负荷使用以外的电量,输入蓄电池中留作备用电源。当工业园区多种能源发电系统所发出电量不能满足负荷需求时,可以将蓄电池中储藏的电量输出给用户使用,如果储能装置所输出电量依旧供小于求时,可向电网购电,以此来保证正常生产工作[159-160]。在含多种能源工业园区供电系统中,常规可控能源和新型清洁不可控能源的联合供电模式,让各发电单元的特性相互补充,联合保证了系统中负荷的安全稳定运行。绘制简化的含多种能源工业园区系统容量配置图,如图10.1所示。

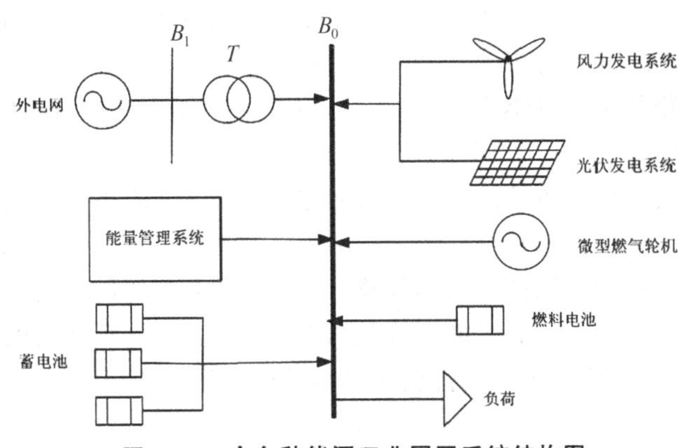

图10.1 含多种能源工业园区系统结构图

10.1.2 目标函数及评价指标

本文针对含多种能源工业园区发电系统电源容量规划构建目标函数，从经济、环保角度出发，构建综合考虑能源利用率、投资成本低、经济效益好、污染物排放少的目标模型，以发电机组类型和数量为优化变量。在负荷种类确定的基础上选择了发电机组的类型和容量，在必要的情况下增加了储能设备，增强了系统运行工作的稳定性。

具体的含多种能源工业园区电源容量优化目标函数如下。

1. 目标函数

1)成本优化模型 f_{cost}。系统的成本包括设备初始投资成本和运行维护成本，运行维护成本又包括机组运行的燃料消耗和运行维护的费用。其中，风力发电机组和光伏发电机组不消耗燃料，因此机组运行燃料消耗模型仅考虑微型燃气轮机和燃料电池的燃料消耗费用。

$$f_{\text{cost}} = C_{\text{WT}} + C_{\text{PV}} + C_{\text{MT}} + C_{\text{FC}} + C_{\text{BT}} \tag{10.1}$$

式中，C_{WT}，C_{PV}，C_{MT}，C_{FC}，C_{BT}分别为风力发电机组、光伏发电机组、微型燃气轮机机组、燃料电池机组和蓄电池机组的总成本。

2)经济效益模型 f_{economy}。系统产生的经济效益用系统所发电量进行等同计算，系统内发电量小于用电需求时需要从电网购电，发电量大于用电需求时需要和电网交换。将系统的发电量的多少记为经济效益指标，可以估算系统在单位时间内的盈利能力。

$$f_{\text{economy}} = k * \sum_{i=1}^{n} \sum_{t=1}^{T} P_i(t) \tag{10.2}$$

式中：n 为机组种类数；T 为整个评估时长(8760h)；$P_i(t)$为第 i 机组的输出功率；k 为电网收购的电价。

3)污染物排放治理模型 $f_{\text{environment}}$。传统能源在使用时会排放出诸如 CO_2、SO_x、NO_x 等废气，在带来经济效益的同时也带来了环境污染，从长远来看危及人类的生存条件。相对于传统能源，可再生能源和清洁能源的使用不排放或排放较少的废气，减少了在污染物税金征收方面的支出费用。本文建立的污染物废气排放治理模型，将其作为系统的优化指标之一。有很多文献仅仅给出单一的污染物排放数学模型，没有将污染物的排放和经济联系起来，本文详细考虑了排放污染物的税金征收费用。

$$f_{\text{environment}} = \sum_{t=1}^{T} \sum_{n}^{M} C_e * E_i(P_i(t)) \tag{10.3}$$

式中：C_e 为污染物征收税金系数；$E_i(P_i(t))$为第 i 种污染物在输出功率为 $P_i(t)$所排放的污染物的量(风力发电机组和光伏发电机组排放量为零)；n 为污染物的种类数。

4)总目标函数。综合考虑以上各种因素，含多种能源工业园区的容量优化配置目标函数主要由能源利用率、经济、环保三大部分组成。F_{year} 总目标函数，具体如下：

$$\begin{cases} F(X)=\omega_1 f_{\text{cost}}(x)+\omega_2 f_{\text{economy}}(x)+\omega_3 f_{\text{environment}}(x) \\ \text{s.t. } g_i(X)\leqslant 0, i=1,2,\cdots,m \end{cases} \tag{10.4}$$

式中：g_i 为相关的约束函数；$\omega_1 \sim \omega_3$ 为权重系数，可以通过改变权重系数的大小来改变目标函数各部分的占比。实际情况根据项目所在地的风光资源的差异，当地政府对环保所采取的政策以及当地天然气燃料和电价波动，最终确定目标函数中各个权重大小。

2.评价指标

1)能源利用评价指标。能源评价指标是工业园区多种能源系统的热力学性能的直观体现，能源利用率是该项产品的有效利用能量与相应的系统输入能量的比率。在国内自然资源消耗逐步增长的背后，存在的是利用率较低的状况。随着经济的不断发展，受到科研、经济方式的影响，我国的能源利用效率低于国际先进水平。本书以能源利用率 η 为评价指标一部分，使优化配置的结果充分考虑能源的利用效率，提高整体系统的能源利用率，达到节能目的。

能源利用效率评价指标可用在一个评估期间中，发电系统整体的输出能量占输入能量的比值表示。用基于热力学的 η 效率来表示能源的利用率，可以更完善地从“质”和“量”的层面上体现机组产生的各种功和热在品位上的不等性,形成综合统一的评价指标。在优化配置过程加入 η 效率评价,可以使优化结果具有高效率利用能源的特点,面对当今能源短缺的局面,具有很好的经济效益和社会价值。η 效率定义为系统输出的总 η 和输入的总 η 之比。

$$\eta_i = \frac{\sum E_{\text{out}}}{\sum E_{\text{in}}} \tag{10.5}$$

式中:E_{out} 为系统输出的 η;E_{in} 为系统输入的 η。系统输入用总体等同于燃料的化学能,系统的输出 η 包括产出的冷、热、电,其中输出电为100%的 η。

2)投资成本评价指标。

$$C_{\text{ann,fixed}} = \sum_{i=1}^{n} N_i \left(C_{\text{cap},i} \cdot \frac{r(1+r)^{m_i}}{(1+r)^{m_i}-1}\right) + C_{\text{fixedOM},i} \tag{10.6}$$

式中:$C_{\text{ann,fixed}}$ 为系统每一年投入的成本费用;N_i 为机组设备的数量;n 为机组设备的类型数目;$C_{\text{cap},i}$ 和 $C_{\text{fixedOM},i}$ 分别为第 i 种设备的单件初始投资费用和每一年的固定维护费用;r 为当年的银行利率,取为6%;m_i 为第 i 个机组的使用寿命。

式(10.6)是系统中发电机组每年需要的投资费用计算公式,包括初始投资和每年的维护费用。不同的发电机组使用寿命不同,在达到使用年限后,为了生产的安全性和效率性,需要更换新的发电机组。如果只是简单地将第一年购买设备的初始金额作为投入成本,用于配置优化,则无法体现更换设备带来的成本增加。作为评价投资成功与否的依据,净现金值法是一种常用的方法。它是将某一投资方案的各个现金流量,全部换算到以现在为基准的时间或者是某一个特定时间,在固定时长的前提上比较分析各期净现金值与投入成本的大小。因此采用净现金值法,将系统内设备的总投入成本折算成每一年的投入成本费用,用于优化配置目标函数,更加具有实际意义。

3)机组燃料消耗评价指标。对于含多种能源工业园区的发电系统,风力发电和光伏发电是可再生能源发电设备,发电过程不需要消耗燃料,因此机组运行中的消耗只计微型燃气轮机和燃料电池等以天然气为发电原料的机组。

$$C_{G,\text{cost}} = \sum_{t=1}^{T} \sum_{j=1}^{n} F_i * P_i(t) \tag{10.7}$$

式中,n 为机组设备种类数;i 为机组类型;F_i 为当机组设备出力 $P_i(t)$ 时的燃料消耗系数;T 为整个评估周期(8760h)。

4)环境评价指标。工业园区虽然有低排放的特点,但不可避免的排放着一定的废弃物。在目标函数构建时,虽然可再生能源具有清洁性,但因其初始投资成本过高，如果不对污染物排放进行征收税金，仿真时结果会偏向初始投资成本低但环境不友好的机组。此外，对机组排放的废气进行税金征收，替代通常的单单只计算废气排放了的多少，可以将污染物排放评价指标和经济指标结合起来，转化为求解经济效益最大化的问题。

$$C_{\text{cost}} f_{\text{environment}} = C_{NO_x} * E_{NO_x} + C_{CO_2} * E_{CO_2} + \cdots + C_{SO_2} * E_{SO_2} + C_{PO} * E_{PO} \tag{10.8}$$

公式表明，发电机组产生的废气当量和征收税金标准(根据当地政府具体标准而定)相乘的结果之和，可有效评价容量配置优化结果的污染物排放是否过量。

10.1.3 多种能源容量配置约束条件

含多种能源的工业园区容量配置的目标函数的约束条件是根据负载要求和发电机组特性建立，用以保证整个系统的正常工作运行，延长设备的使用时间。同时将微型燃气轮机的输出功率限定在一定范围内，减少废气污染的产生，保护环境。本文只考虑了最主要的几个限制条件，为了简化计算没有考虑线路传输损耗和传输限制。线路的传输损耗和传输限制也是非常重要的限制条件，这在以后的研究过程中需要得到重视。

1)功率平衡约束。在任何$(n-1)\cdot T$到$n\cdot T$时间段内，机组输出功率必须满足总的负荷需求：

$$P_{L}^{t} = \sum_{i=1}^{n_1} P_{WT,i}^{t} + \sum_{j=1}^{n_2} P_{PV,j}^{t} + \sum_{l=1}^{n_3} P_{MT,l}^{t} + \sum_{m=1}^{n_4} P_{FC,m}^{t} + \sum_{k=1}^{n_1} P_{BT,k}^{t} + P_{buy}^{t} \tag{10.9}$$

式中：P_{L}^{t}为负载所需功率；$P_{WT,i}^{t}$为风力发电机组的输出功率；$P_{PV,j}^{t}$为光伏发电机组的输出功率；$P_{MT,l}^{t}$为微型燃气轮机的输出功率；$P_{FC,m}^{t}$为燃料电池的输出功率；$P'_{BT,K}$为蓄电池的输出/输入功率；$P'_{BT,K}>0$，表示蓄电池处于充电状态，$P'_{BT,K}\leqslant 0$，表示蓄电池处于放电状态；P_{buy}^{t}为与电网的交换。

2)发电机组处理约束。为了保证系统的稳定运行，各机组设备功率需要在约束之内：

$$P_{\min} \leqslant P(t) \leqslant P_{\max}(t) \tag{10.10}$$

3)蓄电池充电约束。蓄电池的充电状态需要在最小荷电量和最大荷电量之间：

$$SOC_{\min} \leqslant SOC(t) \leqslant SOC_{\max} \tag{10.11}$$

4)非负约束。各个发电机组的台数均要求是正数，非负约束表示为：

$$X_i > 0 \quad (10.12)$$

10.2 多目标优化配置实现

综上所述,建立了含多种能源工业园区容量优化配置的目标函数,设定了评级指标,并根据实际生产要求和机组设备自身条件设立了约束条件。通过对多目标配置优化模型(10.4)进行算法优化求解,可以得到满足条件的多种能源容量优化配置结果。

$$\begin{cases} F(X)=[f_{cost}(X),f_{ecnomy}(X),f_{envorment}(X)]^{T} \\ \text{s.t.}\ g_i(X)\leqslant 0,i=1,2,\cdots,m \end{cases} \quad (10.13)$$

此目标函数是多目标函数,优化过程比较复杂,因此,运用权重加和将多目标优化函数简化为单目标优化函数。为了增加多目标目标函数转化成单目标函数的正确性,采用层次分析法(Analytic Hierarchy Process,AHP)来计算权重系数的数值。

AHP是运筹学家T.L.Satty在20世纪70年代研究出的一种定性与定量分析的决策方法。AHP适用于解决含有模糊性和主观判定的问题,针对于多层次、多调理、多目标的复杂问题,把决策目标进行拆分,形成目标、准则、方案等多个层次进行分析,通过要素之间的信息形成判断矩阵,对待求解的复杂决策问题从本身实质上、外在影响条件及内在逻辑上进行分析,仅仅使用不多的定量信息就可使决策的过程逻辑化、公式化,从而将复杂繁琐的多目标求解转换为结构清晰的单目标求解。

层次分析法进行权重判定的流程如下:

步骤1:建立层次分析结构,如图10.2所示。

根据目标函数构成,将目标层次分为三部分,因为仅考虑准则层的权重确定,不涉及目标实现方案,所以图中只显示层次分析的目标层和准则层。建立层次分析模型是AHP法最重要的一步,最顶层只有一个量,代表想要实现的目标;准则层表示衡量是否所要达到的目标。

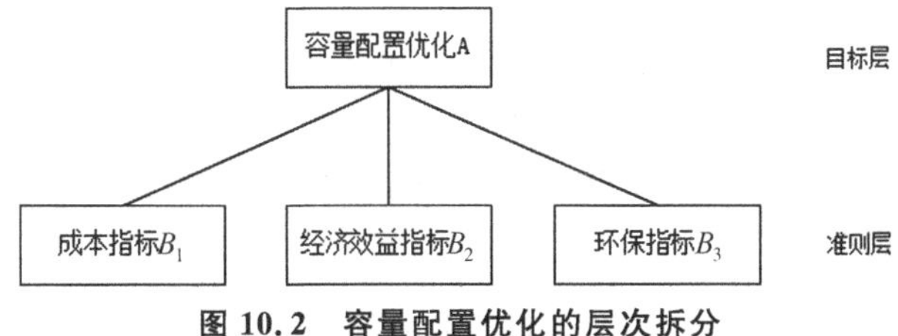

图10.2 容量配置优化的层次拆分

步骤 2:构造判断矩阵。

建立层次分析模型后,对各层要素两两对比,利用调查评估及专家打分法,得到判断矩阵 $C=(C_{ij})_{m}$。

$$C=\begin{bmatrix} C_{11} & C_{12} & \cdots & C_{1n} \\ C_{21} & C_{22} & \cdots & C_{2n} \\ \cdots & \cdots & \cdots & \cdots \\ C_{n1} & C_{n2} & \cdots & C_{m} \end{bmatrix}$$

矩阵 C 具有以下性质:

1) $C_{ij}>0$;

2) $C_{ij}=\frac{1}{C_{ij}}(i\neq j)$;

3) $C_{ii}=1(i=1,2,\cdots,n)$。

根据表 10.1 标度方法所示,构造判断矩阵 A。

表 10.1　1~9 标度方法

序号	重要性等级	赋值
1	i,j 两元素同等重要	1
2	i 元素比 j 元素稍重要	3
3	i 元素比 j 元素明显重要	5
4	i 元素比 j 元素强烈重要	7
5	i 元素比 j 元素极端重要	9
6	i 元素比 j 元素稍不重要	1/3
7	i 元素比 j 元素明显不重要	1/5
8	i 元素比 j 元素强烈不重要	1/7
9	i 元素比 j 元素极端不重要	1/9

准则层对于目标层的判断矩阵 $\boldsymbol{A}$ 为:

$$\boldsymbol{A}=\begin{bmatrix} 1 & 3 & 5 \\ 1/3 & 1 & 3 \\ 1/5 & 1/3 & 1 \end{bmatrix}$$

步骤 3:判断矩阵的一致性检验。

求判断矩阵的最大特征根,利用一致性指标进行检验。

一致性指标:

$$CI=\frac{\lambda_{\max}-n}{n-1} \tag{10.14}$$

CI 值越大，表示判断矩阵偏离一致性的程度越大；CI 值越小，表示判断矩阵一致性越好。

随机一致指标：

$$RI = \frac{\sum_{i=1}^{n} CI_i}{n} \tag{10.15}$$

表 10.2 为 RI 取值表。

表 10.2　*RI* 取值表

n	1	2	3	4	5	6	7	8	9
RI	0	0	0.58	0.9	1.12	1.24	1.32	1.41	1.45

一致性比率：

$$CR = \frac{CI}{RI} \tag{10.16}$$

当 $CR<0.10$ 时，即可得到判断矩阵具有满意的一致性，可以进行归一化处理。

步骤 4：权重排序。

在判断矩阵的基础上，用层次单排序法计算出 B_1，B_2，B_3 相对于上一层次要素的相对重要性，即权重 $W_i(i=1,2,\cdots,n)$ 的大小。W_i 是判断矩阵最大特征根对应的特征向量分量，采用方根法计算。

计算判断矩阵每一行元素成绩 M_i：

$$M_i = \prod_{j=1}^{n} a_{ij} \quad (i = 1,2,\cdots,n) \tag{10.17}$$

计算 M_i 的 n 次方根 $\overline{W_i}$：

$$\overline{W_i} = \sqrt[n]{M_i} \tag{10.18}$$

归一化处理：

$$W_i = \frac{\overline{W_i}}{\sum_{j=1}^{n} \overline{W_j}} \tag{10.19}$$

$W=[W_1,W_2,\cdots,W_n]$ 为所求得的特征向量。

对于判断矩阵 A 来说，计算结果如下：

$$W = \begin{bmatrix} 0.637 \\ 0.258 \\ 0.105 \end{bmatrix}$$

$\lambda_{max}=3.038$，$CR=0.019$，$RI=0.58$，$CR=0.033$

即权重系数 $\omega_1=0.637,\omega_2=0.258,\omega_3=0.105$ 多目标优化目标函数可转化为单目标优化函数：

$$\begin{cases} F(X)=\omega_1 f_{\text{energy}}(X)+\omega_2 f_{\text{economy}}(X)+\omega_3 f_{\text{environment}}(X) \\ \text{s.t. } g_i(X)\leqslant 0, i=1,2,\cdots m \end{cases} \tag{10.20}$$

式中，ω_i 为加权因子，$\sum\omega_i=1$。

10.3 模型求解

对非线性目标函数进行求解适应度值，目前多采用的智能算法。采用基于混沌理论和自然选择策略的粒子群混合算法，保留了基本 PSO 编码简单的优点，并经过引入其他智能理论优点提升了 PSO 的全局搜索精度和速度的能力。在算法的设计过程中，只需确定目标函数、优化变量，不用对具体优化过程有太多深入研究即可输出最优解，将混合 PSO 算法与具体问题相结合解决含多种能源的工业园区发电系统的容量配置优化问题。优化变量见表 10.3，为各个机组的台数。

表 10.3 中给出的变量仅仅代表了几种常见的设备类型，如果实际设备中还包含了其他类如蒸气机、飞轮储能设备等配置原则相同。其中，设备的型号根据市场调查而来，寻找目前市场上产品实用、运用较广、性价比高的产品。

表 10.3　优化变量

	可再生能源		清洁能源		储能
类型	风力发电机	光伏电池	微型燃气轮机	燃料电池	蓄电池
台数	N_1	N_2	N_3	N_4	N_5

利用混合算法对含多种能源的工业园区发电系统的容量配置优化的主要流程如图 10.3 所示，步骤如下。

步骤 1：根据第 2 章描述的发电机组模型，对案例实际地址的资源进行考察，获得仿真所需要的风速数据、光照数据、污染物排放征收标准、银行利率等数据。

步骤 2：了解负荷情况，根据负荷和当地风、光资源，确定风电机组、光电机组、微型燃气轮机、燃料电池、储能单元的型号。

步骤 3：确立混合 PSO 算法的目标函数为综合考虑成本、经济、环保等方面的优化模型，考虑系统优化设计的约束条件；初始化算法参数。

步骤 4：评价比较各个粒子适应度函数值，，得出 $p_{\text{best}}(i)$ 和 $g_{\text{best}}(i)$。

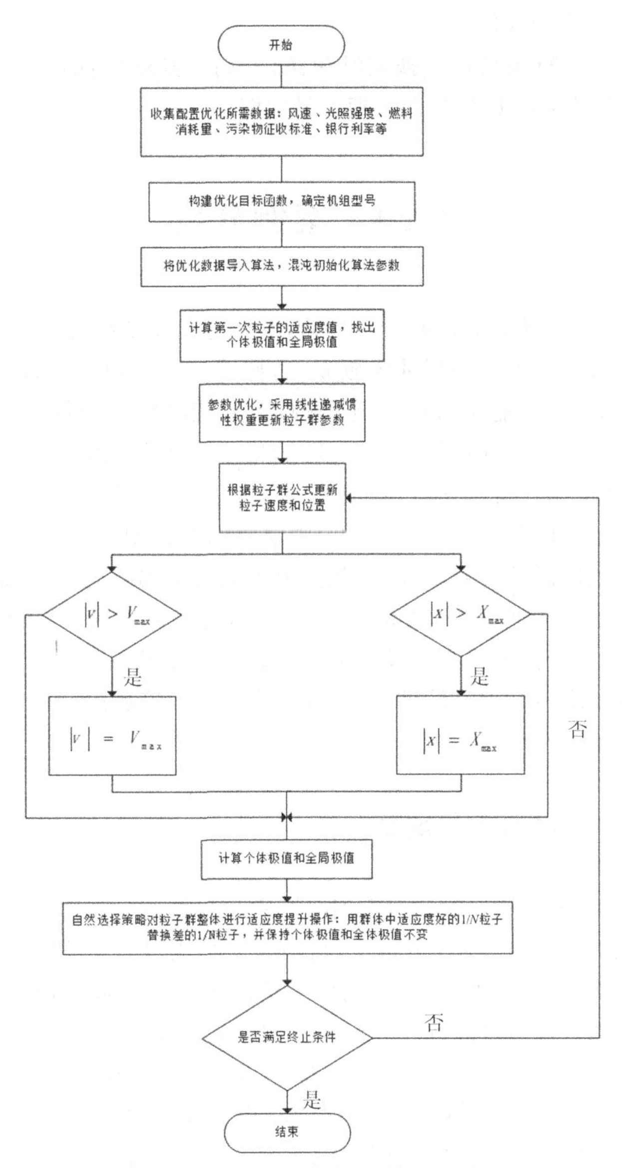

图 10.3　容量配置优化模型求解流程图

步骤 5：权重线性递减更新 HPSO 运行参数。

步骤 6：根据粒子群迭代搜索公式更新各个粒子的速度和位置信息。

步骤 7：评价更新后的粒子适应度函数值，得出更新后的 $p_{\text{best}}(i)$ 和 $g_{\text{best}}(i)$。

步骤 8：利用自然选择原理，筛选适应度好的粒子更新适应度差的粒子，提高粒子种群整体适应度。

步骤 9：混沌搜索整个解空间，提高后期局部寻优能力，预防调入“早熟”陷阱，更新全局极值。

步骤 10：判断满足迭代搜索结束条件，满足则输出优化变量即各个机组的台数；否则返回步骤 6，继续搜索最优解。

10.4 案例分析

最近几年来，随着大量的人口活动，世界上天气多变、金融危机频发、由宗教、经济、政治导致的地域冲突频发，这些因素不仅对国际政治经济关系产生影响，也对全球能源行业起到影响，造成能源供应市场的不稳定性加重。能源对一个国家的作用至关重要，为减小受国际能源市场波动变化的影响，推进经济的可持续发展，我国政府非常重视能源行业的相关问题。目前我国经济结构转型和新型工业化、城镇化的建设对能源提出了新要求。以往传统模式能源的大量消耗，不仅造成了能源枯竭的现象，也造成了环境恶化的不良后果诸如酸雨、温室效应等，特别是雾霾问题，严重危及人民的身心健康，成为全国人民高度关注的问题。在人民渴望蓝天白云、经济又好又快发展的要求下，绿色、清洁、低碳和供应充足的能源成为全国的诉求，我国的能源转型迫在眉睫。

10.4.1 我国能源现状

我国是一个“多煤少油缺气”的国家，在已探明的自然资源中，煤炭消耗是直接能耗的“大户”，占 70％以上；与国际上其他国家资源储备相比，我国油气储量相对较少，根据 2013 年的国土资源公报数据显示，我国石油已探明剩余可开采量仅占全球的 1.4％，只有 33.3 亿 t；天然气储量仅占全球的 2.4％，仅有 44.4 万亿 m^3。自“十二五”规划以来，我国原油产出量每年保持在 2 亿 t 上下，天然气以每年 100 亿 m^3 的速度增加产能。能源是全球性问题，为增加能源供应途径，美国率先掀起了页岩气革命，但我国与美国情况不同，对页岩气的研究刚起步不久，对页岩气是否符合我国国情还尚待确认，并且我国页岩气分布较分散，位于地底深处，打井成本高、消耗水资源大，不易开发。大幅度增加能源供给能力困难重重，需要与国际保持贸易关系、进口能源来满足需求。

目前，我国是全球最大石油进口国家，能源对外依存度中，天然气是 31％，而石油高达 62％。预计到 2030 年如果油气供应比重达到国际平均水平，我国石油进口量需要翻两番，而天然气则要增加 9 倍多。然而能源行业受国际环境影响，过分依赖国外进口能源不利于我国能源和经济的安全稳定。我国能源进口国中部分国家政治动荡，战乱频发，在出现重大变故时很难确保进口能源的稳定供应。

从能源消费角度出发，尽管天然气有废气排放低的优点，但是在经济和运输方面与其他能源对比中仍显不足，同时天然气属于不可再生能源，虽然现在天然气在人们日常生活中应用较广泛，但是在高耗能行业，如交通运输、国防、发电等方面与其他能源相比较，竞争优势不足。

从考虑成本问题的角度出发，天然气的发电成本为 0.7～0.8 元/kW，远远超过煤电、水力发电和核能发电的 0.3～0.4 元/kW 的发电成本，综合考虑天然气低污染、低排放的环境治理成本，即使在天然气发电技术有国家财政补贴的情况下，天然气发电的优势仍不突出。同一时间，随着科学技术的进步，新型清洁能源的出现使用已大大降低发电成本，其中风力发电成本最低，而光伏发电的成本也在随着技术突破逐年下降，并且新型清洁能源发电无污染，无消耗，仅需考虑并入电网时造成的波动，成本低。

化石能源的自身性质决定了能源行业务必转型升级，未来世界的能源还是以可再生清洁能源为主，无论从全世界的角度出发，还是仅从我国角度考虑，要实现节能减排、缓解温室效应、解决雾霾等全球性难题，让蓝天白云目标的重现，关键还是要大力发展新技术，推动可再生清洁能源的发展。

10.4.2 我国能源结构发展方向

目前我国能源面临着转型升级，传统化石能源由于自身性质，已经不能继续在未来担当能源行业的主角，在这种形势下，新能源以其绿色、清洁、无污染、可重复利用、政府大力支持的特点，在能源竞争中异军突起，成为我国能源行业发展的新方向。

风电、光电、核电以及生物质能等清洁能源有成本低、绿色清洁、可持续使用的特点，大力开发利用可再生清洁能源，增加在能源供应中新型能源的比重，可以有效填补常规化石能源的空白，在节能减排和能源转型升级方面发挥重大作用，实现国民经济的可持续发展。其中以光伏发电为例，每生产 1kW 的电量，就可减少消耗煤炭 0.33kg，减少二氧化碳排放 1kg，减少二氧化硫排放 0.009kg。

可再生清洁能源的发电成本正在逐年减少，目前市场上常用的风光发电只是初始投资成本较高，随着技术的发展，新型能源的发电成本快速下降。根据国际可再生能源机构（IRENA）于 2015 年初发布的《可再生能源发电成本》数据显示，去除新能源补贴和油价变化的影响，可再生能源的发电成本已经和传统常规化石能源相当。去除财政补贴的因素，应用最多的光伏系统的电力成本为0.51元/kW，单独的风电系统电力价格为0.32元/kW，而传统化石能源发电价格在0.29～0.88元/ kW之间。

在我国，可再生清洁能源资源储量丰富，技术发展成熟，具有高度快速发展的实力基础。我国位于北半球欧亚大陆东部，以温带和亚热带气候为主，拥有较多的光能和风能自然资源。其中我国离地高度80m，风分布密度达150W/m^2 的风能储量约为20万亿 kW，光能储量高达过85万亿 kW。2017年年底，我国新型能源发电总量累计为1.7万亿 kW，占全国总发电量的26.4%。机组装机容量达到6.5万亿 kW，增长幅度为14%；风力发电、光伏发电同比增长10.5%，68.7%，可再生能源装机占装机总量的36.6%，同比扩大2.1%，可再生能源发展趋势越来越好。

10.4.3 案例项目所在地情况

在上述的情况下，采用河北省某工业园区作为案例对象。河北省是我国的“工业大省”，处于我国北方，北邻内蒙古，西连太行山脉，东邻渤海，南有泰山、黄河，围绕北京和天津，社会发展条件优越。矿物、石油、煤炭、天然气等自然资源丰富，是东部开发最早的地区之一。完善的发展条件体系，丰富的矿物资源储藏为河北省的工业发展打下了坚实的基础。

河北省以工业著称，改革开放以来形成以第二产业为重点的经济发展格局，工业经济的繁荣为全省的经济产值做出了突出贡献，占比逐年上升。但是目前大多数工业产业还在走着老旧的以过度消耗自然环境资源的粗放型发展模式，高成本、高消耗、效率低、不重视环保的经济发展模式依然占据着主体地位。在传统的工业模式下，全省工业行业整体能源消耗量大，环境污染严重，导致雾霾频发。在当今能源短缺、环境危机的情况下，走传统的经济增长模式已经行不通，河北全省为让工业经济和自然环境朝着更好更快的方向发展，转变工业经济发展模式，利用新能源技术，在可再生能源技术应用的大潮下，通过能源生产改革，走可持续发展的工业新模式。

河北省围绕着首都北京和直辖市天津两大重要城市，相互之间联系紧密，京津冀要应天时、占地利协同发展。京津冀地区是我国电力负荷重要区域，2015年全国总电量约为5000亿 kWh，其中化石能源提供的电力占90%以上，预计2020年可提供7000亿 kWh。如此巨大的电力需求，使用清洁电力替代传统化石燃料，多种能源的综合利用是解决当今能源危机的重要手段，建立含新型能源的多种发电方式并用的现代产业园区有着必要性。

张家口市位于河北省，是华北平原自然可发电资源储量最为丰富的地区之一，风力可发电量超过4000万kW，光伏可发电量超3000万kW，占国内能源供应总量的27%。截至2015年年末，张家口市全市风机上网装机容量达660万kW，太阳能机组装机容量达到40万kW。由中国科学院路甬祥院士牵头的国家可再生能源示范区在张家口的建立，在新能源政策的扶持下，预计在2020年，清洁能源装机总量达2000万kW，年供电量超400亿kWh，占一次性能源直接消费总量的30%；预计在2030年，装机容量达到5000万kW，年发电量超950亿kWh，占一次性能源直接消费总量的50%。风力、光伏等可再生能源发电的建设除了初始投资大以外，在运行过程中，没有污染物的排放，对环境造成的负面影响较少，在当今能源危机，环境恶劣的形势下，发展可再生能源有着巨大的吸引力。

张家口市土地辽阔，自然资源丰富，身为工业省市，发展自然离不开本身资源的支持，但是在工业经济发展中，自然资源利用效率还不够高，还有可以提高的空间。因此，要走节能减排、可持续发展的道路，促进工业经济的又好又快发展。在经济发展新常态下，河北省出台政策，加快科学技术创新，大力支持现代工业园区的设立，支持含可再生能源在内的分布式发电的发展。

10.4.4 案例分析中的基本数据

研究对象张家口市某工业园区内的多种能源主要包括风力发电机组、光伏发电机组和燃料电池、燃气轮机和储能电池。当地的太阳光辐射量和风速分布如图10.4和图10.5所示。其中，算例模型为了估算风力发电机组和光伏发电机组的全年发电量，按照该地区全年(8760h)每小时的平均风速、平均温度、平均光照强度来估算。

案例分析过程中分布式发电单元机组参数见表10.4，所涉及的污染物治理费用及排放系数见表10.5。其中WT,PV,MT,FC,SB分别表示风电机组、光电机组、微型燃气轮机、燃料电池、蓄电池。微型燃气轮机和燃料电池的输入燃料均采用天然气。天然气价格为2.375元/m^3，银行利率$r=6\%$。算例分析基于著者所提的HPSO算法，计算过程中种群大小为30，迭代次数设为1000。

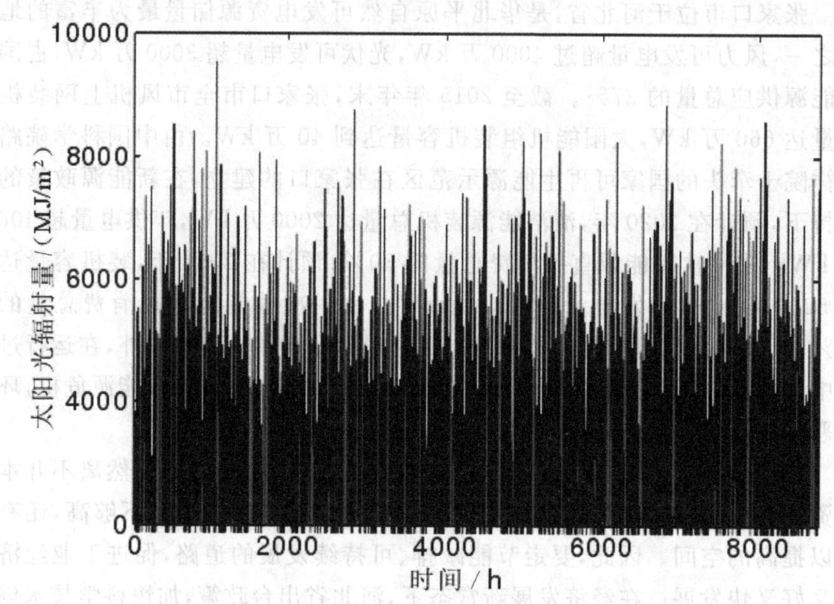

图 10.4 算例地区太阳辐射量

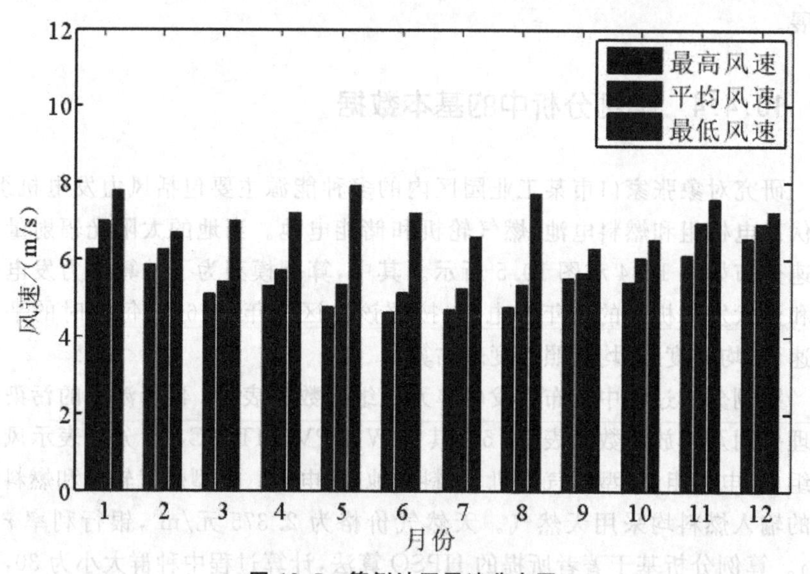

图 10.5 算例地区风速分布图

表 10.4　各发电机机组参数

机组类型	功率(kW)	投资费用（万元/台）	维护费用（万元/台）	寿命（年）	型号
WT	50	59	1.3	15	HF15.0-50KW
PV	0.225	0.16875	1.687×10^{-3}	25	STP225-20Wd
MT	65	43.3	4.372	20	HY-FC100
FC	0.1	0.1	4×10^{-3}	4	C65
SB	3000AH	0.796	0.006	10	PM3000-2

表 10.5　各发电机组污染物排放量

g/kW

机组类型	NO_x	CO_2	CO	SO_2
MT	352345	0	96912	528.4
FC	17.52	556295	470654	0

根据上述电源容量优化模型，结合各发电单元特性，采用基于自然选择和混沌策略的混合粒子群算法，利用 MATLAB 工具，在满足约束条件的基础上对该系统进行电源容量优化，相应的各电源容量配置如图 10.6、10.7 所示，优化结果见表 10.6。

针对求解结果分析如下：

此时系统等年值投资费用为 135.372 万元，由表 10.6 可见，系统内配置的风电机组、光伏机组和微型燃气轮机的装机容量比较大，燃料电池装机数量为零。通过计算结果分析可知，目前风力发电和光伏发电在本地的投资小，收益大，维护方便，经济效益好。微型燃气轮机发电和风、光发电结合利用率高，环境成本比较低，并且维护方便，所以装机容量比较大；燃料电池由于目前的技术限制，投资成本和燃料费用较高，所以并未投入使用；从表可看出，蓄电池作为重要的补充能源在风、光发电量不稳定时保证了系统供电的可靠性。

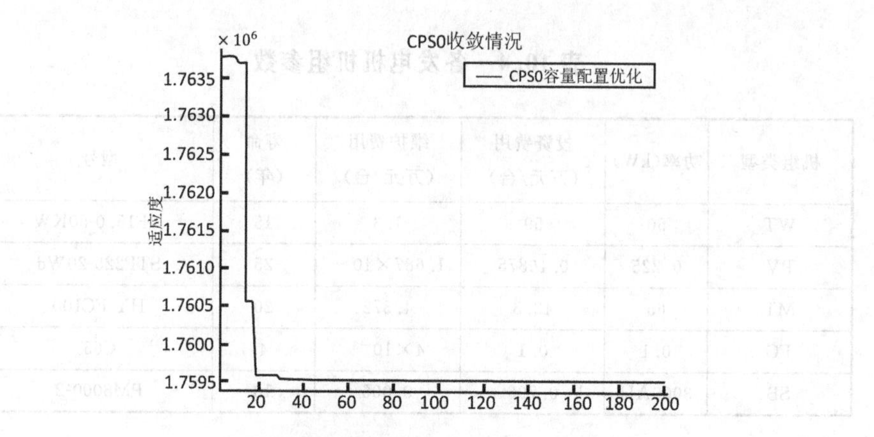

图 10.6 算法优化配置模型结果

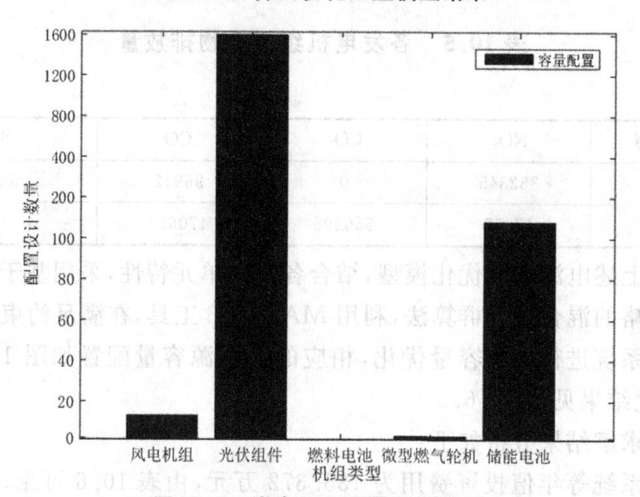

图 10.7 发电机组容量配置结果

表 10.6 含多种电源工业园区容量配置优化设计方案

机组类型	型号	台数	等年值投资成本	年运行维护成本	年燃料成本	年环境成本
WT	HF15.0-50KW	13	51.133	16.854	0	0
PV	STP225-20Wd	1588	10.719	1.094	0	0
FC	HY-FC100	0	0	0	0	0
MT	C65	3	64.800	13.116	48.074	0.179
SB	PM3000-2	108	8.597	0.648	0	0

10.5　小结

本章节从含多种能源工业园区的发电系统容量配置优化角度出发，构建综合考虑能效高、初始投资成本相对低、燃料消耗少、输出电量满足符合要求、污染物排放少的容量配置优化模型，并给出评价优化结果的指标，结合实际生产运行，列出约束条件，采用层次分析法确定多目标优化转为单目标过程中的权重数值，最后利用上一章节的基于混沌理论和自然选择策略的粒子群混合算法对目标模型进行求解。求得的配置优化结果根据事实分析，符合实际。

第 11 章　总结与展望

11.1 总结

本书针对含多种电源的工业园区发展现状，主要研究成果如下。

11.1.1 综合负荷建模研究

1)应用总体测辨法建模建立"综合感应电动机导纳模型"。模型考虑了配电网参数的同时也加入了补偿元件；模型结构与工业园区的模拟负载的实际情况更加吻合，采用全电压范围的导纳模型的所有静态模型。通过仿真及时间数据与传统模型相比较，模型在稳定性和对实际情况的模拟上都有所改进，有一定的实用价值。

2)针对分布式电源一般通过并网逆变器对电流进行交直流转换后送入配电网，其相比于传统同步发电机具有缺少惯性及阻尼等缺点以及分布式电源输出功率的不确定性、波动性、对电网的冲击性等问题，采用虚拟同步发电机控制策略来使得分布式电源具有传统同步发电机一样的惯性及阻尼特性。建立了虚拟同步发电机机械模型及电磁模型，确定了虚拟同步发电机的控制策略，同时考虑了加入储能系统后的控制优化问题。对虚拟同步发电机模型进行了仿真分析，以证明其有效性。

3)针对分布式发电系统，分别建立了风力发电系统、光伏发电系统、微型燃气轮机发电系统和燃料电池发电系统的数学模型。分别通过虚拟同步发电机并网仿真，仿真配电网采用上述建立的"综合感应电动机导纳模型"，验证了模型并网后的 P-Q 特性以及模型的有效性。

4)由于新能源汽车的快速发展，电动充电桩的数量也会急剧增大，因此其对电网负荷的影响也不容忽视。针对工业园区有可能设立的大量电动汽车充电桩问题，分析了电动汽车充电接口的几种类型，基于此建立了一种通过虚拟同步发电机控制策略的电动汽车充电桩模型及其控制策略，对该充电桩模型进行仿真分析，将其等效为一个消耗功率为正的动态负荷模型进行处理。验证了该模型的有效性以及其 *P-Q* 特性。

通过上述几项研究成果建立了适用于工业园区的多种分布式电源配电网模型。对分析工业园区配电网状况有一定的参考价值。

11.1.2 电源容量配置优化研究

冷热电联供系统主要以天然气作为燃气轮机的发电燃料，按照梯级利用原理，将燃气轮机发电过程中产生的大量余热送入余热利用设备充分利用，产生热量和冷量以满足工业园区中的热负荷和冷负荷需求，大大提高了能源的使用效率。文中在常规 CCHP 系统的基础上引入了风力、光伏，使得系统用能更加环保、节能、经济。同时加入储能装置蓄电池、蓄热槽，在不造成能源浪费的同时，当系统处于用能高峰期时又能填补一定的用能空缺。具体的研究内容如下。

1)建立了工业园区 CCHP 系统各子设备的模型。主要建立了联供系统各设备的模型，包括动力设备模型、热处理设备模型、制冷设备的模型，建立了可再生能源风力机组和光伏电池的模型以及储能设备的模型，使经济、能效、环境等多个目标达到最优。最后，建立了综合评价指标。

2)对工业园区 CCHP 系统的优化配置研究并进行案例分析。在对工业园区进行优化配置时，首先，选取混沌粒子群优化算法作为优化算法，通过模糊综合理论运用专家打分法确定了各指标权重，把复杂的问题转化为易于求解的单目标。研究了在传统三联供系统中加入可再生能源光伏、风力的三种方案，针对不同的方案建立了对应系统的优化目标函数模型，列写了对应系统的约束条件。然后，针对算例应用 Energyplus 软件对园区建筑年逐时冷、热、电负荷以及冬、夏、过渡季典型日逐时负荷进行模拟，分析冷、热、电负荷的分布情况，运用混沌粒子群优化算法对三种方案进行容量和设备运行台数优化，并和分供系统作比较，最后得出符合该工业园区的优化方案，并进行合理的容量和设备运行台数配置。

3)对工业园区 CCHP 系统优化运行分析。针对得出的最优方案一：加入光伏电池的 CCHP 系统，首先分析了在不同权重系数下该联供系统冬季、夏季、过渡季的各评价指标相比于分供系统的节约率之间的差别，经对比知由专家打分法确定权重系数的合理性，然后给出方案一在各季节典型日中具体、合理的运行策略。

4)提出了基于混沌理论和自然选择策略的粒子群混合算法，使之具有良好的全局和局部搜索能力，提高了收敛性能，并通过测试函数的仿真验证,为求解容量配置优化问题提供了理论依据。

5)建立了充分考虑能源利用率,投资运行成本、污染物排放等因素的多种能源工业园区多目标优化运行的目标函数,并利用层次分析法简化多目标函数,利用提出的混合算法对该目标函数求解分析。深入研究能源工业园区内各环节的工作运行模式,使综合效益最大化。

11.2 展望

本书所做工作因精力时间问题存在很多不足之处,在今后需要进一步改进及研究补充。

1)随着技术的发展,分布式发电效率的不断提高,分布式发电满足感应电动机综合负荷吸收功率,但不满足系统总吸收功率,甚至对分布式发电完全满足系统总负荷吸收功率这两种情况并未进行充分的讨论。

2)仅仅在理想模型状态下进行仿真分析,实际情况中还需要研究各种分布式电源的容量比例、地理位置以及接入方式对工业园区配电网的影响。实际上接入方式的不同及地理位置等因素对于配电网综合负荷模型影响较大,比如接入点靠近配电网末端,所在分路负荷比重越小则对配网影响越大。

3)所建立模型还需要更多基于现场实测数据的检验,由于目前限于实验条件,仅仅从理论上对模型进行分析,与实际情况差别还需要进一步采用实际数据进行分析调整。

4)由于光伏发电具有间歇性,对不同时段光伏发电和燃气轮机发电以及储能装置如何协调配合的具体情况需要做进一步具体的研究,以及普适于接入可再生能源的负荷模型的特点、风力发电具体会带来的效果如何等都是未来研究的方向。

5)建立三联供系统各子设备的数学模型时未考虑设备启停带来的影响,这就涉及对系统动态的研究。系统的动态研究是一项艰巨且有发展前景的任务。

6)只研究了工业园区中多种能源在发电方面的互补,而没有考虑到如燃气轮机的余热利用,若能同时研究冷、热、电的联合供应将会使系统的运行更加科学。

7)在对系统的容量配置时,采用的是层次分析法把多目标转化为单目标,如果能直接对多目标函数进行求解,或者使用具备更加准确性的确定权重方法,将会使优化结果更加准确。

参考文献

[1]Price W W,Taylor C W,Rogers G J,et al. Standard load models for power flow and dynamic performance simulation[J]. IEEE Transactions on Power Systems ,1995,10(3):1302-1313.

[2]Anonymous. Bibliography on load models for power flow and dynamic performance simulation[J]. Power Systems IEEE Transactions on,1995,10(1):523-538.

[3]Pal M. K. Voltage stability conditions considering characteristics of load[J]. IEEE Trans On PWRS,1992,7(1): 243-249.

[4]朱守真,沈善德,郑宇辉,等.负荷建模和参数辨识的遗传进化算法[J].清华大学学报,1999,39(3): 37-40.

[5]李欣然,刘艳阳,陈辉华.遗传算法与传统优化方法应用于电力负荷建模的比较研究[J].湖南大学学报,2005,32(2): 29-32.

[6]鞠平,李德丰.感应电动机综合负荷的参数辨识[J].电工技术学报,1999,14(1):3-6.

[7]鞠平,李德丰.电力系统综合负荷模型的辨识方法研究[J].电力系统自动化,1997,21(8): 11-14.

[8]鞠平,潘学萍,韩敬东.3 种感应电动机综合负荷模型的比较[J].电力系统自动化,1999,23(19): 40-47.

[9]Zhou X,Liang J,Zhou W,et al. Harmonic impacts of inverter-based distributed generations in low voltage distribution network[J]. Power Electronics for Distributed Generation Systems IEEE International Symposium O,2012:615-620.

[10]Sun B,Liu X,Huang Y. An object-oriented design method and simulation of flight control software[J]. Journal of Computational Information Systems,2014,10(20): 8591-8598.

[11]黄汉奇,毛承雄,王丹,等.可再生能源分布式发电系统建模综述[J].电力系统及其自动化学报,2010,5(22): 14-18,24.

[12]王吉利,贺仁睦,马进.配网侧接入电源对负荷建模的影响[J].电

力系统自动化,2007,31(20):22-26.

[13]鞠平,马大强.电力系统负荷建模[M].2版.北京:中国电力出版社,2008.

[14]Ishchenko A,Jokic A,Myrzik J M A,et al. Dynamic reduction of distribution networks with dispersed generation[C]International Conference on Future Power Systems. Institute of Electronic and Electrical Engineering Computer Society:Amsterdam,Netherlands,2005:1-7.

[15]Feng X,Lubosny Z,Bialek J W. Identification based Dynamic Equivalencing[C]. Power Tech,2007 IEEE Lausanne. IEEE,2008:267-272.

[16]李欣然,惠金花,钱军,等.风力发电对配网侧负荷建模的影响[J].电力系统自动化,2009,33(13):89-94.

[17]Brown RE,Freeman LAA. Analyzing the reliability impact of distributed generation[J]. IEEE Power Engineering Society Summer Meeting.Vancouver,2001,2:1013-1018.

[18]VASQUEZ J C,MASTROMAURO R A,GUERRERO J M,et al. Voltage support provided by a droop-controlled multifunctional inverter [J]. IEEE Trans on Industrial Electronics,2009,56(11):4510-4519.

[19]曾正,杨欢,赵荣祥.多功能并网逆变器及其在微电网中的应用[J].电力系统自动化,2012,36(4):28-34.

[20]曾正,邵伟华,冉立,等.虚拟同步发电机的模型及储能单元优化配置[J].电力系统自动化,2015(13):22-31.

[21]HUISY,LEECK,WUF F. Electric springs: a new smartgrid technology[J]. IEEE Trans on Smart Grid,2012,3(3):1552-1561.

[22]曾正,赵荣祥,杨欢.基于奇异熵TLS-ESPRIT算法的微电网小信号稳定性分析[J].电力自动化设备,2012,32(5):7-12.

[23]CHEN Y,HESSE R,TURSCHNER D,et al. Comparison of methods for implementing virtual synchronous machine on inverters[C]. Proceedings of International Conference on Renewable Energies and Power Quality,2012,1(10):734-739.

[24]GAO F,IRAVANI M R. A control strategy for a distributed generation unit in grid-connected and autonomous modes of operation[J]. IEEE Trans on Power Delivery,2008,23(2):850-859.

[25]HIKIHARA T,SAWADA T,FUNAKI T. Enhanced entrainment of synchronous inverters for distributed power sources[J]. IEICE Transactions Fundamentals,2007,90(11):2516-2525.

[26]ZHONG Q, WEISS G. Synchronverters: inverters that mimic synchronous generators [J]. IEEE Trans on Industrial Electronics, 2011, 58(4):1259-1267.

[27]ZHONG Q, NGUYEN P, MA Z Y, et al. Self-synchronised synchronverters: inverters without a dedicated synchronization unit[J]. IEEE Trans on Power Electronics, 2014, 29(2): 617-630.

[28]Alipoor J, Miura Y, Ise T. Distributed generation grid integration using virtual synchronous generator with adoptive virtual inertia[C]. Energy Conversion Congress and Exposition. IEEE, 2013:4546-4552.

[29]Bevrani H, Ise T, Miura Y. Virtual synchronous generators: A survey and new perspectives[J]. International Journal of Electrical Power & Energy Systems, 2014, 54(1):244-254.

[30]Vassilakis A, Kotsampopoulos P, Hatziargyriou N, et al. A battery energy storage based virtual synchronous generator[C]. IEEE, 2013:1-6.

[31]Albu M, Visscher K, Creanga D, et al. Storage selection for DG applications containing virtual synchronous generators[C]. PowerTech, 2009 IEEE Bucharest. IEEE, 2009:1-6.

[32]蔡强，任洪波，班银银，等. 我国分布式能源发展现状与展望[C]. 高等教育学会工程热物理专业委员会全国学术会议. 2015.

[33]沈颖忱. 工业园区能源供给系统优化配置方法研究[D]. 重庆：重庆大学，2016.

[34]金东寒. 中国分布式能源发展现状及展望[J]. 环球市场信息导报，2014(5): 58-62.

[35]代宪亚，茅大钧. 分布式冷热电联供系统优化运行方法[J]. 电力科学与技术学报，2017，32(1):55-64.

[36]赵冲. 冷热电三联供系统的方案设计及多准则对比评价[D]. 广州：广东工业大学，2016.

[37]曾飞. 燃气轮机冷热电联产系统多目标优化配置与运行策略研究[D]. 广州：华南理工大学，2013.

[38]王新雷，田雪沁，徐彤. 美国天然气分布式能源发展及对我国的启示[J]. 中国能源，2013，35(10):25-28.

[39]冯继蓓，高峻，杨杰，等. 楼宇式天然气冷热电联供技术在北京的应用[J]. 煤气与热力，2009，29(3):10-13.

[40]张亚杰，尹纲领，李永安，等. 城市住宅建筑能耗模拟研究[J]. 中国住宅设施，2009(3): 46-47.

[41]李琼. 天津中新生态城动漫园三联供能源系统优化分析[D]. 天津:天津大学,2011.

[42]熊自平. 分布式能源开启高效用能新时代[J]. 上海电力,2009(4):259-262.

[43]Wu D W, Wang R Z. Combined cooling, heating and power: a review [J]. Progress in Energy and Combustion Science,2006,32(5):459-495.

[44]Li M, Mu H, Li N, et al. Optimal design and operation strategy for integrated evaluation of CCHP (combined cooling heating and power) system[J]. Energy,2016,99:202-220.

[45]Sanaye S, Ghafurian M M. Applying relative equivalent uniform annual benefit for optimum selection of a gas engine combined cooling, heating and power system for residential buildings[J]. Energy & Buildings,2016,128:809-818.

[46]Hanafizadeh P, Eshraghi J, Ahmadi P, et al. Evaluation and sizing of a CCHP system for a commercial and office buildings[J]. Journal of Building Engineering,2015,5:67-78.

[47]Obara S, Watanabe S, Rengarajan B. Operation method study based on the energy balance of an independent microgrid using solar-powered water electrolyzer and an electric heat pump[J]. Energy,2011,36(8):5200-5213.

[48]M. D. Schicktanz, Wapler J, Henning H M. Primary energy and economic analysis of combined heating, cooling and power systems[J]. Energy,2011,36(1):575-585.

[49]李政义. 动态负荷下天然气冷热电联供系统运行优化[D]. 大连:大连理工大学,2011.

[50]Shaneb O A, Coates G, Taylor P C. Sizing of residential CHP systems[J]. Energy & Buildings,2011,43(8):1991-2001.

[51]Kavvadias K C, Tosios A P, Maroulis Z B. Design of a combined heating, cooling and power system: Sizing, operation strategy selection and parametric analysis[J]. Energy Conversion & Management,2010,51(4):833-845.

[52]Nosrat A, Pearce J M. Dispatch strategy and model for hybrid photovoltaic and trigeneration power systems[J]. Applied Energy,2011,88(9):3270-3276.

[53]Chang L, Weng G, Hu J, et al. Operation and configuration opti-

mization of a CCHP system for general building load[C]. Power Electronics and Motion Control Conference. IEEE,2016:1799-1805.

[54]Li L,Mu H,Gao W,et al. Optimization and analysis of CCHP system based on energy loads coupling of residential and office buildings [J]. Applied Energy,2014,136: 206-216.

[55]Zhao L H,Li Q F,Ren H B,et al. CCHP system operating strategy optimization research in one of Shanghai office Building[J]. Applied Mechanics & Materials,2014,672-674:1868-1872.

[56]Wang J J,Jing Y Y,Zhang C F. Optimization of capacity and operation for CCHP system by genetic algorithm[J]. Applied Energy,2010, 87(4):1325-1335.

[57]Ma X,Hu B,Fan Y,et al. Method for optimizing the configuration of distributed CCHP system,US20140163745[P]. 2014.

[58]彭树勇.冷热电联供型微电网优化配置与运行研究[D].成都:西南交通大学,2014.

[59]庄家汉.我国天然气分布式能源发展现状探析[J].科技经济导刊,2017(12).

[60]刘元园.冷热电联供系统容量配置研究[D].南京:东南大学,2015.

[61]陈灿.办公建筑冷热电三联供系统容量配置优化研究[D].武汉:华中科技大学,2014.

[62]李赟,黄兴华.冷热电三联供系统配置与运行策略的优化[J].动力工程学报,2006,26(6):894-898.

[63]陈晨.燃气冷热电三联供系统发电容量配置探讨[J].发电与空调,2016,37(3): 1-5.

[64]张志鹏,马宏权,许艳梅,等.区域型冷热电三联供系统的设备容量优化配置方法,CN104457023A[P]. 2015.

[65]高建华.冷热电三联供工程系统配置方案[J].环球市场信息导报,2016(25): 122.

[66]雷建平,陈焰华.楼宇式天然气冷热电三联供系统配置初探[C].湖北省暖通空调制冷学术年会. 2013.

[67] 包艳.独立新能源混合发电系统的容量配置优化与控制策略研究[D].长沙:湖南大学,2015.

[68]施琳.含新能源的独立电网储能容量配置和运行策略研究[D].武汉:华中科技大学,2014.

[69]于雷. 含多类型能源的微网与外部电网协调运行机制和容量配置研究[D]. 北京:华北电力大学(北京),2016.

[70]肖锐. 含可再生能源的海岛微电网电源容量优化配置方法[D]. 北京:华北电力大学,2013.

[71]刘泽健,杨苹,许志荣. 考虑典型日经济运行的综合能源系统容量配置[J]. 电力建设,2017,38(12):51-59.

[72]陈向华. 独立新能源混合发电系统最优容量配置[D]. 长沙:湖南大学,2012.

[73]张立功. 分布式能源及独立微网容量配置与运行优化研究[D]. 郑州:中原工学院,2015.

[74]吴万禄,韦钢,林韬,等. 可再生能源供电系统电源容量的优化配置[J]. 上海电力学院学报,2014,30(01):10-15.

[75]郑凌蔚,刘士荣,周文君,等. 并网型可再生能源发电系统容量配置与优化[J]. 电力系统保护与控制,2014,42(17):31-37.

[76]刘永民,夏世威,于琳琳,等. 基于机组组合的风电系统储能源功率与容量优化配置[J]. 华北电力大学学报(自然科学版),2017,44(05):18-26.

[77]李静. 含间歇性能源的分布式电网优化配置理论与方法研究[D]. 杭州:浙江大学,2014.

[78]M. Quashie,F. Bouffard,C. Marnay,et al. On bilevel planning of advanced microgrids[J]. International Journal of Electrical Power and Energy Systems,2017,22: 1-14.

[79]Yajun Li,Wenhao Liang,Rongshuai Tan. Optimal design of installation capacity and operation strategy for distributed energy system [J]. Applied Thermal Engineering,2017,125.

[80]Jie X,Chang S Y,Yuan Z H,et al. Regionalized techno-economic assessment and policy analysis for biomass molded fuel in China. [J]. Energies,2015,8(12):13846-13863.

[81]Li F,Chen M Y,Li X. Optimal capacity configuration of energy storage system for wind farm using improved stochastic particle swarm optimization [J]. Applied Mechanics & Materials,2013,448-453:1762-1766.

[82]李整,秦金磊,谭文,等. 基于目标权重导向多目标粒子群的节能减排电力系统优化调度[J]. 中国电机工程学报,2015,35(S1):67-74.

[83]张顶学,关治洪,刘新芝. 一种动态改变惯性权重的自适应粒子群算法[J]. 控制与决策,2008,23(11):1253-1257.

[84]王东风,孟丽,赵文杰. 基于自适应搜索中心的骨干粒子群算法

[J]. 计算机学报,2016,39(12):2652-2667.

[85]吴意乐,何庆,徐同伟. 改进自适应粒子群算法在 WSN 覆盖优化中的应用[J]. 传感技术学报,2016,29(4):559-565.

[86]程声烽,程小华,杨露. 基于改进粒子群算法的小波神经网络在变压器故障诊断中的应用[J]. 电力系统保护与控制,2014,42(19):37-42.

[87]亢国栋,孙伟,杨海群,等. 基于改进粒子群优化算法的火电厂机组负荷分配[J]. 计算机测量与控制,2015,23(02):593-596.

[88]刘建华,樊晓平,瞿志华. 一种基于相似度的新型粒子群算法[J]. 控制与决策,2007,22(10):1155-1159.

[89]Eslami M, Shareef H, Mohamed A. Power system stabilizer design using hybrid multi-objective particle swarm optimization with chaos [M]. Journal of Central South University of Technology. 2011.

[90]谭跃,谭冠政,邓曙光. 基于遗传交叉和多混沌策略改进的粒子群优化算法[J]. 计算机应用研究,2016,33(12):3643-3647.

[91]程虹,杨为群,朱文广,等. 基于改进粒子群算法的交直流系统低压切负荷优化控制策略[J]. 电力科学与技术学报,2016,31(4):80-88.

[92]Jayasudha R, Subramanian S, Sivakumar L. Genetic Algorithm and PSO Based Intelligent Software Reuse[J]. Applied Mechanics & Materials,2014,573:612-617.

[93]Ni H M, Wang W G. An improved particle swarm optimization algorithm[J]. Advanced Materials Research,2014,850-851(6):809-812.

[94]李欣然,陈元新. 一种适应大跨度电压变化的综合负荷静态模型[J]. 电力科学与技术学报,1999(1):38-43.

[95]李欣然,贺仁睦,周文. 一种具有全电压范围适应性的综合负荷模型[J]. 中国电机工程学报,1999(5):71-75.

[96]顾丹珍,艾芊,陈陈,等. 适用于快速暂态稳定计算的新型负荷模型和参数辨识方法[J]. 中国电机工程学报, 2004, 24(12):78-85.

[97]杨俊杰,周建中,喻菁,等. 基于混沌搜索的粒子群优化算法[J]. 计算机工程与应用,2005,41(16):69-71.

[98]吕志鹏,盛万兴,钟庆昌,等. 虚拟同步发电机及其在微电网中的应用[J]. 中国电机工程学报,2014,34(16):2591-2603.

[99]吕志鹏,梁英,曾正,等. 应用虚拟同步电机技术的电动汽车快充控制方法[J]. 中国电机工程学报,2014,34(25):4287-4294.

[100]Saha A K, Chowdhury S, Chowdhury S P, et al. Modelling and simulation of microturbine in islanded and grid-connected mode as distributed energy

resource[C]. Power and Energy Society General Meeting-Conversion and Delivery of Electrical Energy in the,Century. IEEE, 2008:1-7.

[101]刘其辉,李万杰. 双馈风力发电及变流控制的数/模混合仿真方案分析与设计[J]. 电力系统自动化,2011,35(1):83-86.

[102]Collier D A F, Heldwein M L. Modeling and design of a micro wind energy system with a variable-speed wind turbine connected to a permanent magnet synchronous generator and a PWM rectifier[C]. Power Electronics Conference. IEEE,2011:292-299.

[103]谭勋琼,吴政球,周野,等. 固体氧化物燃料电池的集总建模与仿真[J]. 中国电机工程学报,2010,30(17):104-110.

[104]Tremblay O, Dessaint L. A generic fuel cell model for the simulation of fuel cell vehicles[J]. 2009:1-8.

[105]Mcdermott T E. Modeling PV for unbalanced,dynamic and quasistatic distribution system analysis[C]. Power and Energy Society General Meeting. IEEE,2011: 1-3.

[106]Ackermann T. Wind power in power systems[J]. IEEE Power Engineering Review,2005,22(12):23-27.

[107]Qiao W, Harley R G, Venayagamoorthy G K. Dynamic modeling of wind farms with fixed-speed wind turbine generators[C]. Power Engineering Society General Meeting. IEEE,2007:1-8.

[108]丁明,严流进,茆美琴,等. 分布式发电中燃料电池的建模与控制[J]. 电网技术,2009,33(9):8-13.

[109]李霞林,郭力,王成山,等. 直流微电网关键技术研究综述[J]. 中国电机工程学报,2016,36(1):2-17.

[110]李政,王德慧,薛亚丽,等. 微型燃气轮机的建模研究(上)——动态特性分析[J]. 动力工程学报,2005,25(1):13-17.

[111]Rowen W I. Simplified Mathematical Representations of Heavy-Duty Gas Turbines[J]. Journal of Engineering for Gas Turbines & Power, 1983,105(4):865-869.

[112]闫大朋,闫士杰,李爱平,等. 微型燃气轮机的新型神经网络控制的研究[J]. 控制工程,2008,15(5):541-543.

[113]Saha A K, Chowdhury S, Chowdhury S P, et al. Modeling and performance analysis of a microturbine as a distributed energy resource [J]. IEEE Transactions on Energy Conversion Ec,2009,24(2):529-538.

[114]Gaonkar D N, Patel R N, Pillai G N. Dynamic model of microturbine

generation system for grid connected/islanding operation[C]. IEEE International Conference on Industrial Technology. IEEE,2007:305-310.

[115]Eghtedarpour N,Farjah E. Power control and management in a hybrid AC/DC microgrid[J]. IEEE Transactions on Smart Grid,2014,5(3):1494-1505.

[116]Saber A Y,Venayagamoorthy G K. Plug-in vehicles and renewable energy sources for cost and emission reductions [J]. IEEE Transactions on Industrial Electronics,2011,58(4):1229-1238.

[117]Mitra P,Venayagamoorthy G K. Wide area control for improving stability of a power system with plug-in electric vehicles[J]. IET Generation,Transmission & Distribution,2010,4(10):1151-1163.

[118]Kisacikoglu M C,Ozpineci B,Tolbert L M. EV/PHEV bidirectional charger assessment for V2G reactive power operation[J]. IEEE Transactions on Power Electronics,2013,28(12): 5717-5727.

[119]Pan X W,Rathore A K. Novel interleaved bidirectional snubberless soft-switching current-fed full-bridge voltage doubler for fuel-cell vehicles[J]. IEEE Transactions on Power Electronics,2013,28(12):5535-5546.

[120]Lee S,Choi B,Rim C T. Dynamics characterization of the inductive power transfer system for online electric vehicles by Laplace phasor transform[J]. IEEE Transactions on Power Electronics,2013,28(12):5902-5909.

[121]Wang C S,Stielau O H,Covic G A. Design considerations for a contactless electric vehicle battery charger[J]. IEEE Transactions on Industrial Electronics,2005,52(5): 1308-1314.

[122]陈涛.微电网经济调度问题研究[D].广州:华南理工大学,2013.

[123]张涛.详解冷热电三联供系统的核心动力设备[J].工程技术:文摘版,2016(8):4.

[124]彭树勇.冷热电联供型微电网优化配置与运行研究[D].成都:西南交通大学,2014.

[125]张程熠.光伏微电网发电预测与经济运行研究[D].杭州:浙江大学,2017.

[126]董军,冯琪,徐晓琳.光伏-燃气三联供联合微网独立和并网模式下电价模型研究[J].华东电力,2013,41(2):302-306.

[127]任慧琴.微燃机冷热电三联供系统的运行策略及性能研究[D].天津:天津大学,2013.

[128]王浩.基于燃气轮机的天然气冷热电联供系统优化配置研究[D].长沙:湖南大学,2015.

[129]Wang R. Triple helix based research on the creativity city:Case study of Su Zhou Industrial Park[J]. Shanghai Management Science,2008.

[130]吴沛锋.智能优化算法及其应用[D].沈阳:东北大学,2012.

[131]Dong H,Jian G. Parameter selection of a support vector machine,based on a chaotic particle swarm optimization algorithm[J]. Cybernetics and Information Technologies,2015,15(3):739-743.

[132]He Y,Xu Q,Yang S,et al. Reservoir flood control operation based on chaotic particle swarm optimization algorithm[J]. Applied Mathematical Modelling,2014,38(17-18):4480-4492.

[133]李建美,高兴宝.基于自适应变异的混沌粒子群优化算法[J].计算机工程与应用,2016,52(10):44-49.

[134]左军,王永庆,马磊.基于多层次模糊综合评价法的配电网风险评估研究[J].陕西电力,2016,44(8):28-32.

[135]朱丹丹,燕达,王闯,等.建筑能耗模拟软件对比:DeST、EnergyPlus and DOE-2[J].建筑科学,2012,28(s2):213-222.

[136]EnergyPlus Engineering Reference[J]. October,2010,152(4):1.

[137]孙树娟.多能源微电网优化配置和经济运行模型研究[D].合肥:合肥工业大学,2012.

[138]张贞.基于多种分布式电源的微电网优化运行研究[D].长沙:长沙理工大学,2013.

[139]González-Aparicio I,Monforti F,Volker P,et al. Simulating European wind power generation applying statistical downscaling to reanalysis data[J]. Applied Energy,2016,199:155-168.

[140]Jou H L,Chang Y H,Wu J C,et al. Operation strategy for a lab-scale grid-connected photovoltaic generation system integrated with battery energy storage[J]. Energy Conversion & Management,2015,89:197-204.

[141]王瑞琪.分布式发电与微网系统多目标优化设计与协调控制研究[D].济南:山东大学,2013.

[142]侯明,衣宝廉.燃料电池的关键技术[J].科技导报,2016,34(06):52-61.

[143]Wang Y,Leung D Y C,Xuan J,et al. A review on unitized regenerative fuel cell technologies,part B:Unitized regenerative alkaline fu-

el cell, solid oxide fuel cell, and microfluidic fuel cell[J]. Renewable & Sustainable Energy Reviews, 2016, 75.

[144]Raza R, Akram N, Javed M S, et al. Fuel cell technology for sustainable development in Pakistan-An over-view[J]. Renewable & Sustainable Energy Reviews, 2016, 53: 450-461.

[145]Hayashi T, Shimoo T, Wakao S. Effect of PV output and load power forecast error on operation design of PV system with storage Battery[J]. Electrical Engineering in Japan, 2015, 190(1): 28-36.

[146]李匡成，季亚昆，刘政. 蓄电池模型研究综述[J]. 电源技术，2017，41(03)：505-507.

[147]熊军华，谢飞. 基于混沌理论和杂交策略改进的粒子群优化算法[J]. 信息技术与信息化，2017(10)：55-57.

[148]邵晴. 粒子群算法研究及其工程应用案例[D]. 吉林：吉林大学，2017.

[149]Ufnalski B, Grzesiak L M. Plug-in direct particle swarm repetitive controller with a reduced dimensionality of a fitness landscape -a multi-swarm approach[J]. Bulletin of the Polish Academy of Sciences Technical Sciences, 2015, 63(4): 857-866.

[150]Dong Yong, Wu Chuansheng, Guo Haimin. Particle swarm optimization algorithm with adaptive chaos perturbation[M]. Cybernetics and Information Technologies, 2015.

[151]张洵. 粒子群优化算法的改进研究[D]. 锦州：渤海大学，2017.

[152]唐贤伦. 混沌粒子群优化算法理论及应用研究[D]. 重庆：重庆大学，2007.

[153]Liu X, Fu M. Cuckoo search algorithm based on frog leaping local search and chaos theory[J]. Applied Mathematics & Computation, 2015, 266(C): 1083-1092.

[154]Ginnobili S. Missing concepts in natural selection theory reconstructions[J]. History & Philosophy of the Life Sciences, 2016, 38(3): 1-33.

[155]Beauchamp J P. From the Cover: Genetic evidence for natural selection in humans in the contemporary United States[J]. Proceedings of the National Academy of Sciences of the United States of America, 2016, 113(28): 7774.

[156]蒋伊琳，张芳园. 基于自然选择粒子群的时钟同步算法[J]. 西南

交通大学学报,2017,52(03):593-599.

[157]V. Haji Haji,Concepción A. Monje. Fractional order fuzzy-PID control of a combined cycle power plant using particle swarm optimization algorithm with an improved dynamic parameters selection[J]. Applied Soft Computing,2017,58.

[158]Abdellatif El Afia, Malek Sarhani, Oussama Aoun. Hidden markov model control of inertia weight adaptation for particle swarm optimization[J]. IFAC PapersOnLine,2017,50(1): 9997-10002.

[159]Abd-Rabou A M,Soliman A M,Mokhtar A S. Impact of DG different types on the grid performance[J]. Journal of Electrical Systems & Information Technology,2015,2(2):149-160.

[160]Hashemi-Dezaki H,Agah S M M,Askarian-Abyaneh H,et al. Sensitivity analysis of smart grids reliability due to indirect cyber-power interdependencies under various DG technologies,DG penetrations,and operation times[J]. Energy Conversion & Management,2016,108:377-391.